全国高等职业教育示范专业规划教材
计算机专业

网页设计与制作案例教程

主　编　池同柱
副主编　韩凤英　张振莲
参　编　赵　娜　卜　宇　郝　倩
　　　　任晓芳　周　惠

机械工业出版社

本书是一本以 Dreamweaver CS3 为工具，以典型案例为导向的网页设计与制作教程。不但介绍了利用 Dreamweaver CS3 设计和制作网页的方法，还介绍了网页设计中布局、色彩搭配的相关知识以及常用的 HTML 标记语言。

本书共分为 14 章，内容包括网页设计与制作基础、创建与管理站点、在网页中使用文本、利用图像美化网页、创建网页链接、利用表格排版页面、创建丰富多彩的多媒体页面、应用 CSS 美化网页、表单应用、使用行为和 JavaScript 创建特效网页、布局对象的使用、使用框架灵活布局网页、利用库和模板创建网页、动态数据库网站开发基础等。

本书可作为高职高专相关专业教材，也可作为网页制作爱好者的入门培训教材，还可作为网页设计人员的参考书。

为方便教学，本书配备电子课件等教学资源。凡选用本书作为教材的教师均可登录机械工业出版社教材服务网 www.cmpedu.com 免费下载。如有问题请致信 cmpgaozhi@sina.com，或致电 010-88379375 联系营销人员。

图书在版编目（CIP）数据

网页设计与制作案例教程 / 池同柱主编. —北京：机械工业出版社，2009.7
全国高等职业教育示范专业规划教材 . 计算机专业
ISBN 978-7-111-27397-4

Ⅰ. 网… Ⅱ. 池… Ⅲ. 主页制作—高等学校：技术学校—教材 Ⅳ. TP393.092

中国版本图书馆 CIP 数据核字（2009）第 092661 号

机械工业出版社（北京市百万庄大街 22 号　邮政编码 100037）
策划编辑：王玉鑫　刘子峰　责任编辑：刘子峰
版式设计：张世琴　　　　　责任校对：姜　婷
封面设计：鞠　杨　　　　　责任印制：李　妍
北京汇林印务有限公司印刷
2009 年 7 月第 1 版第 1 次印刷
184mm×260mm · 14.75 印张 · 362 千字
0001－4000 册
标准书号：ISBN 978-7-111-27397-4
定价：25.00 元

前　　言

　　随着互联网的普及，互联网技术已经彻底改变了人们的生活和工作方式。人们对网站的观赏性、交互性、安全性等方面提出的要求越来越高，也促成了社会对网页设计制作、网站开发等相关专业人才的大量需求。为此，我们组织了在网页设计与制作方面有丰富经验的专业教师编写了这本以 Dreamweaver CS3 为工具、以典型案例为导向的网页设计与制作教程。

　　本书不但介绍了利用 Dreamweaver CS3 设计和制作网页的方法，还介绍了网页设计中布局、色彩搭配的相关知识以及常用 HTML 标记语言。全书共分 14 章，全面、详细地介绍了网页设计的基本知识以及利用 Dreamweaver CS3 制作静、动态网页、网站的方法与技巧。

　　第 1 章，网页设计与制作基础。介绍网页设计的基本概念，常用软件与技术，色彩搭配，网页布局以及网站建设的基本流程。

　　第 2 章，创建与管理站点。介绍了 Dreamweaver CS3 的操作环境以及创建与管理站点的方法。

　　第 3 章，在网页中使用文本。介绍在网页中使用文字及其他文本元素的方法，以及文字与段落的 HTML 标记。

　　第 4 章，利用图像美化网页。介绍网页中常用的图像格式，在网页中插入、设置图像的方法以及图像的 HTML 标记。

　　第 5 章，创建网页链接。介绍超级链接的基础知识，在网页中创建和管理超级链接的方法以及超级链接的 HTML 标记。

　　第 6 章，利用表格排版页面。介绍在网页中插入表格、编辑表格、设置表格属性的方法，表格的高级应用以及表格的 HTML 标记。

　　第 7 章，创建丰富多彩的多媒体页面。介绍在网页中插入多媒体对象的方法以及多媒体对象的 HTML 标记。

　　第 8 章，应用 CSS 美化网页。介绍 CSS 的概念，CSS 的基本语法，如何创建和应用样式表及定义 CSS 属性。

　　第 9 章，表单应用。介绍表单的基本知识及使用方法，包括表单的创建、各种表单对象的添加及属性设置，以及表单和表单对象的 HTML 标记。

　　第 10 章，使用行为和 JavaScript 创建特效网页。介绍常用行为的功能及使用方法。

　　第 11 章，布局对象的使用。介绍利用 AP Div 和 Spry 进行页面布局的方法。

　　第 12 章，使用框架灵活布局网页。介绍框架的创建、编辑及属性的设置，以及利用框架进行网页布局的方法。

　　第 13 章，利用库和模板创建网页。介绍模板和库的基本知识及使用方法，包括创建模板，定义模板的可编辑区域、重复区域和可选区域，以及库的创建及使用。

第 14 章，动态数据库网站开发基础。介绍动态网站运行环境的设置，数据库的建立与连接，在页面中插入动态内容，常用服务器行为的创建方法，以及利用 Dreamweaver CS3 开发 ASP 动态网站的基本方法和步骤。

本书由池同柱任主编，韩凤英、张振莲任副主编，参加编写的老师还有赵娜、卜宇、郝倩、任晓芳、周惠。池同柱对全书进行了统稿工作。

书中主要内容来自于作者几年来进行网页设计与制作教学和工作的经验总结，也有部分内容取自于国内外有关文献资料。由于编写时间仓促，加之作者水平有限，书中纰漏与错误在所难免，恳请广大读者批评指正。

编　者

目　　录

第1章 网页设计与制作基础

学习目标：

1) 了解网页的基本概念及网页制作的常用工具。

2) 理解网页色彩和布局的基本知识。

3) 掌握网页设计与网站建设的基本流程。

1.1 网页的基本概念

1.1.1 网页与网站

网站是指建立在互联网上的 Web 站点，是互联网上相关网页的集合，它面向公众提供互联网内容服务。

当用户使用 Web 浏览器浏览互联网时，在显示屏幕上看到的页面称为网页（WebPage），它是 Web 站点上的文档。而进入该站点时，在屏幕上显示的第一个综合界面称为首页（HomePage）或者主页，它相当于网站的目录或封面，集成了指向下一级网页及进入其他网站的链接。浏览者进入主页即可阅览到网站的重要信息，通过单击链接可以跳转到其他网页。

网站与网页的关系类似于一本书与一页书。

1.1.2 静态网页与动态网页

网页按其表现形式来划分可分为静态网页和动态网页。

1) 静态网页只能浏览，不能实现客户端和服务器端的交流互动。在静态网页中，也可以出现各种动态的效果，如 GIF 格式的动画、Flash 影片、滚动字幕等，这些"动态效果"只是视觉上的，并不能实现客户端和服务器端的交互。

2) 动态网页的页面内容随用户的输入而变化，能与客户端交流互动，它们会随客户、时间的不同，返回不同的页面。动态网页使用 ASP、PHP、JSP、ASP. NET 等技术生成。

静态网页和动态网页各有特点。网站采用静态网页还是动态网页主要取决于网站的功能需求和网站内容的多少。如果网站功能比较简单，内容更新量不是很大，采用纯静态网页的方式会更简单；反之，一般要采用动态网页技术来实现。静态网页是网站建设的基础。静态网页和动态网页之间并不矛盾，在同一个网站上，静态网页内容和动态网页内容同时存在也是很常见的事情。

1.2 网页制作常用工具

早期的网页制作必须在文本编辑器中编写 HTML 代码，因此开发者必须熟练掌握

HTML标记语言，这对于大多数人来说是很困难的。自从可视化编辑软件问世以来，网页制作就简单多了。当然，要制作功能复杂的网页还是需要熟悉 HTML 标记语言及其他相关知识。常见的可视化网页制作软件有 Photoshop、Fireworks、Dreamweaver 和 Flash 等。

在网页制作过程中，首先要使用 Photoshop 或 Fireworks 处理制作网页图像，然后使用 Dreamweaver 整合已有的图像和文字素材，进行网页的排版布局。如果需要添加 Flash 动画，则需要使用 Flash 软件进行创建。

1. Photoshop CS3

Photoshop 是 Adobe 公司推出的图像处理软件。目前已被广泛应用于平面设计、网页设计和照片处理等领域。随着计算机技术的发展，Photoshop 已历经数次版本更新，目前最新版本为 Photoshop CS3。

Photoshop CS3 主要用来设计网页的整体效果图，制作精美图像，处理网页中的图像、背景图，以及设计网页的图标和按钮等。

2. Fireworks CS3

Fireworks CS3 是 Macromedia 公司推出的一款用来设计网页图形的多功能应用程序，可以创建和编辑位图和矢量图像、设计网页效果（如变换图像和弹出菜单）、修剪和优化图形以减小其文件大小以及通过使重复性任务自动进行来节省时间。它所含的创新性解决方案解决了图形设计人员和网站管理员所面临的主要问题。

利用 Fireworks CS3 同样可以设计网页的整体效果图，处理网页中的图像、图标、按钮以及设计完成后优化导出等。

3. Dreamweaver CS3

Dreamweaver CS3 是 Macromedia 公司最新开发的优秀的网页制作工具，用于对站点、页面和应用程序进行设计、编码和开发。它不仅继承了前几个版本的出色功能，在界面整合和易用性方面也更加贴近用户。它不仅是专业人员制作网站的首选工具，而且已经普及到广大网页制作爱好者中。

由于使用 Photoshop 导出的网页并不能满足普通用户浏览的需要，要想真正制作能够正常浏览的网页，就需要用 Dreamweaver 进行网页排版布局，添加各种网页特效，以及开发新闻发布系统、网上购物系统和论坛系统等动态网页。

4. Flash CS3

Flash 是一种矢量图像编辑与二维动画制作工具，目前最新版本是 Flash CS3。它易学易用，而且制作的动画具有生动灵活、体积小巧、表现力丰富、网络功能强大等特点，并能通过声音、文字和动画的结合来综合表现作者的创意，制作出高品质的网页动态效果。

随着网络技术的发展，Flash 动画已经成为当今网站不可缺少的部分，美观的动画能够为网页增色不少，从而吸引更多的浏览者。另外，网页上的广告大多也是采用 Flash 设计制作的。

1.3　网页中色彩的应用

色彩的魅力是无穷的，它可以让本身朴实无华的东西变得光鲜亮丽。随着网络技术的不断进步，网页界面也开始变得多姿多彩。打开一个网站，给用户留下第一印象的既不是丰富的内容，也不是合理的版面布局，而是网页的色彩。所以网页设计者不仅要掌握基本的网站制作技术，还需要掌握网站风格、页面配色等设计艺术。

1.3.1　网页色彩的基础知识

由物理学可知，白光可分解为红、橙、黄、绿、青、蓝、紫等七种色光，其中红、绿、蓝又称为三原色（在计算机科学中称为 RGB 三原色）。三原色通过不同比例的混合，可以得到自然界中的各种颜色。

现实生活中的色彩可以分为彩色和非彩色。其中，黑白灰属于非彩色，其他的色彩都属于彩色。任何一种彩色都具备 3 个属性：色相、明度和纯度。非彩色只有明度属性。

（1）色相　指的是色彩的名称，是色彩最基本的特征，是一种色彩区别于另一种色彩最主要的因素。如紫色、绿色、黄色等都代表了不同的色相。同一色相的色彩，调整一下明度或者纯度，就很容易搭配出不同颜色，如深绿、暗绿、草绿、亮绿。

（2）明度　也叫亮度，指的是色彩的明暗程度。明度越大，色彩越亮。如一些购物、儿童类网站，用的是一些鲜亮的颜色，让人感觉绚丽多姿、生气勃勃。明度越低，颜色越暗。例如一些个人网站为了体现自身的个性，经常会运用一些暗色调来表达个人孤僻或者忧郁的性格。

（3）纯度　指色彩的鲜艳程度。纯度高的色彩纯、鲜亮；纯度低的色彩浊、暗淡。

色彩中还有一些常用的名词如下：

1）相近色：色环中相邻的 3 种颜色。相近色的搭配给人的视觉效果很舒适、自然，所以在网站设计中极为常用。

2）互补色：色环中相对的两种色彩。对互补色调整一下补色的亮度，有时候是一种很好的搭配。

3）暖色：暖色一般应用于购物、电子商务、儿童类网站等，用以体现商品的琳琅满目、儿童类网站的活泼、温馨等效果。

4）冷色：冷色一般应用于高科技、游戏类网站，主要表达严肃、稳重等效果。绿色、蓝色、紫色等都属于冷色系列。

5）色彩均衡：网页为了让人看上去舒适、协调，除了文字、图片等内容的合理排版，色彩的均衡也是相当重要的一个因素。一个网站不可能单一地运用一种颜色，所以色彩的均衡问题是设计者必须要考虑的问题。色彩的均衡，包括色彩的位置、每种色彩所占的比例或面积等。比如，鲜艳明亮的色彩面积应小一点，让人感觉舒适、不刺眼，就是一种均衡的色彩搭配。

对于网页设计者来说，创建完美的色彩是至关重要的。色彩是一个强有力的设计元素，用好了往往能收到事半功倍的效果。色彩能激发人的情感，完美的色彩可以使网页充满活力，向观察者表达出一种信息。当色彩运用得不适当的时候，表达的意思就不完整，甚至可能给人一种错误的感觉。

1.3.2　网页色彩的搭配

色彩搭配既是一项技术性工作，同时也具有很强的艺术性。因此，设计者在设计网页时除了考虑网站本身的特点外，还要遵循一定的艺术规律，从而设计出色彩鲜明、特点突出的网站。

1. 网页色彩搭配技巧

1）单色的使用。网站设计要尽量避免采用单一色彩，以免产生单调的感觉。但通过调整单一色彩的饱和度和透明度也可以产生变化，使网站避免色调过于单一乏味。

2）邻近色的使用。所谓邻近色，就是在色带上相邻近的颜色，如绿色和蓝色、红色和黄色就互为邻近色。采用邻近色设计网页可以使网页避免色彩杂乱，易于达到页面的和谐统一。

3）对比色的使用。对比色可以突出重点，产生强烈的视觉效果。通过合理使用对比色，能够使网站特色鲜明、重点突出。在设计时一般以一种颜色为主色调，对比色作为点缀，可以起到画龙点睛的作用。

4）黑色的使用。黑色是一种特殊的颜色，如果使用恰当，往往可以产生很强烈的艺术效果。黑色一般用来作背景色，与其他纯度色彩搭配使用。

5）背景色的使用。背景色一般采用素淡清雅的色彩，避免采用花纹复杂的图片和纯度很高的色彩作为背景色。同时，背景色要与文字的色彩对比强烈一些。

6）色彩的数量。一般初学者在设计网页时往往会使用多种颜色，使网页变得很乱，缺乏统一和协调，表面上看起来很花哨，但缺乏内在的美感。事实上，网站用色并不是越多越好，一般控制在3种色彩以内，通过调整色彩的各种属性来产生变化。

2. 常见的几种网页配色方案

1）红色代表热情、活泼、热闹、温暖、幸福和吉祥。红色容易引起人的注意，也容易使人兴奋、激动和紧张，是一种容易造成人视觉疲劳的颜色。

2）黄色代表明朗、愉快、高贵和希望，是各种色彩中最为娇气的一种色。只要在纯黄色中混入少量的其他色，其色相感和表现力均会发生较大程度的变化。

3）白色的色感光明，代表纯洁、纯真、朴素、神圣和明快。白色具有圣洁的不容侵犯性。如果在白色中加入其他任何色，都会影响其纯洁性。

4）紫色的明度在彩色中是最低的。紫色代表优雅、高贵、魅力、自傲和神秘。在紫色中加入白色，可使其变得优雅、娇气，充满女性魅力。

5）蓝色代表深远、永恒、沉静、理智、诚实、公正权威，是一种在淡化后仍然能保持较强特性的颜色。在蓝色中加入少量红、黄、黑、橙、白等色，均不会对蓝色的表现力产生较明显的影响。

6）绿色代表新鲜、希望、和平、柔和、安逸和青春。绿色是具有黄色和蓝色两种成分的颜色。在绿色中，将黄色的扩张感和蓝色的收缩感相中和，并将黄色的温暖感与蓝色的寒冷感相抵消。一般农林业、教育类网站常使用绿色代表充满希望、活力。

7）灰色在商业设计中，具有柔和、高雅的意象，属于中间色，男女皆能接受，也是流行的主要颜色。在许多介绍高科技产品，尤其是和金属材料有关的网站中，几乎都采用灰色来传达先进、科技的形象。使用灰色时，大多利用不同的层次变化组合或搭配其他色彩，避免给人过于平淡、沉闷、呆板和僵硬的感觉。

1.4　网页布局

1.4.1　网页设计的原则

设计网页时，应注意以下几个原则：

1）主次分明，中心突出。在一个页面上，必须考虑视觉的中心，这个中心一般在屏幕的中央，或者在中间偏上的部位。因此，一些重要的文章和图片一般可以安排在这个部位，在视觉中心以外的地方就可以安排那些较次要的内容，这样在页面上就突出了重点，做到了主次分明。

2）大小搭配，相互呼应。较长的文章或标题，不要编辑在一起，要有一定的距离；同样，较短的文章，也不能编排在一起。对图片的安排也是如此，要互相错开，使大小图片之间有一定的间隔，这样可以使页面错落有致，避免网页内容重心的偏离。

3）图文并茂，相得益彰。文字和图片具有一种相互补充的视觉关系，页面上文字太多，就显得沉闷，缺乏生气。页面上图片太多而缺少文字，必然会减少页面的信息容量。因此，最理想的效果是文字与图片的密切配合，互为衬托，既能活跃页面，又丰富了主页的内容。

4）简洁一致。使页面保持简洁的常用做法是使用醒目的标题，这个标题常常采用图形来表示，但同样要求简洁。另一种保持简洁的做法是限制所用的字体和颜色的数目。一般每个页面使用的字体不超过 3 种，使用的颜色少于 256 种，主题颜色通常只需要 2～3 种，并采用一种标准色。

要保持一致性，可以从页面的排版下手，设定各个页面使用相同的页边距、文本，图形之间保持相同的间距。主要图形、标题或符号旁边留下相同的空白。

1.4.2　网页布局的基本元素

学习网页设计首先需要了解构成网页的基本元素，只有这样才能在页面设计中根据需要合理地组织和布局网页内容。一般网页的基本元素包括：页面标题、网站标志、页面尺寸、导航栏、页眉和页脚。

1. 页面标题

网站中的每一个页面都有标题，用来提示该页面的主要内容。标题出现在浏览器的标题栏中，而不是出现在页面布局中。

2. 网站标志

网站标志是一个站点的象征，是网站形象的重要体现。另外，网站标志在站点之间的互相链接中也扮演着重要的角色，因此也是一个站点是否正规的重要标志之一。一个好的标志可以很好地树立网站形象。成功的网站标志有着独特的形象标识，在网站的推广和宣传中将起到事半功倍的效果。网站标志应体现该网站的特色、内容以及其内在的文化内涵和理念。

网站标志一般放在网站的左上角，访问者一眼就能看到它。网站标志通常有 3 种尺寸：88 像素×31 像素、120 像素×60 像素和 120 像素×90 像素。

3. 页面尺寸

由于页面尺寸和显示器大小及分辨率有关系，而且浏览器也占去不少屏幕空间，因此留给页面的空间十分有限。一般显示器分辨率为 800 像素×600 像素的情况下，页面的显示尺寸为 780 像素×428 像素；分辨率在 640 像素×480 像素的情况下，页面的显示尺寸为 620 像素×311 像素；分辨率在 1024 像素×768 像素的情况下，页面的显示尺寸为 1000 像素× 600 像素。可以看出，分辨率越高，相对应的页面尺寸越大。

浏览器的工具栏也是影响页面尺寸的一个主要原因。一般浏览器的工具栏都可以取消或者增加，因此当显示全部工具栏和关闭全部工具栏时，页面的尺寸是不一样的。

在网页设计过程中，最好不要让访问者拖动页面超过 3 屏。如果确实需要在同一页面显示超过 3 屏的内容，那么最好能在网页顶部加上锚点链接，以方便访问者浏览。

4. 导航栏

导航栏既是网页设计中的重要组成部分，又是整个网站设计中的一个较独立的部分。一般来说，网站中的导航位置在各个页面中出现的位置是比较固定的，而且风格也较为一致。导航的位置对网站的结构与各个页面的整体布局起到举足轻重的作用。

导航的位置一般有 4 种常见的显示位置：在页面的左侧、右侧、顶部和底部。有的在同一个页面中运用了多种导航，如有的在顶部设置了主菜单，而在页面的左侧又设置了折叠式的折叠菜单，同时又在页面的底部设置了多种链接，这样便增强了网站的可访问性。当然，并不是导航在页面中出现的次数越多越好，而是要合理地运用页面达到总体的协调一致。

如果网页的页面比较长，最后在页面底部也设置一个导航，这样如果浏览者正在阅读页面底部的内容，就不用再拖动浏览器滚动条来选择页面顶部的导航条，而可以直接使用页面底部的导航。

5. 页眉和页脚

页眉指的是页面上端的部分。有的页面划分比较明显，有的页面则没有明确地区分页眉。

页眉的风格一般要求和页面的整体风格保持一致。页眉的作用是定义页面的主题，如站点的名字多数都显示在页眉里，这样访问者能很快知道这个站点是什么内容。页眉是整个页面设计的关键，它将牵涉到下面的更多设计和整个页面的协调性。页眉常放置站点的图片、公司标志、公司名称、宣传口号和广告语等，甚至有些网站将此设置为广告席位来招商。

页脚和页眉应相互呼应。页眉是放置站点主题的地方，而页脚是放置网站相关联系信息的地方。

1.4.3 网页布局方法

在制作网页前，可以先绘制出网页的草图。网页布局的方法有两种，第一种为纸上布局，第二种为软件布局，下面分别加以介绍。

1. 纸上布局

许多网页设计人员不喜欢先绘制出页面布局的草图，而是直接在网页编辑工具里边设计布局边加内容。这种不打草稿的方法不能设计出优秀的网页来，所以在开始制作网页时，首先应在纸上绘制出页面的布局草图。

新建页面就像一张白纸，没有任何表格、框架和约定俗成的东西，尽可能地发挥想像力，将想到的"景象"添加上去。这属于创造阶段，不必讲究细腻工整，也不必考虑细节功能，只以粗陋的线条勾画出创意的轮廓即可。尽可能地多绘制几张草图，最后选定一个满意的来创作。

2. 软件布局

如果不喜欢用纸来绘制出布局意图，那么还可以利用 Photoshop、Fireworks 等软件来完成这些工作。不同于用纸来设计布局，利用软件可以方便地使用颜色、图形，并且可以利用层功能设计出用纸张无法实现的布局理念。

1.4.4　常见的版面布局形式

网页设计要讲究编排和布局，虽然网页设计不同于平面设计，但它们有许多相近之处，应加以利用和借鉴。网页的版面布局主要指网站主页的版面布局，其他网页的版面与主页风格应基本一致。为了达到最佳的视觉表现效果，应讲究整体布局的合理性，使浏览者有一个流畅的视觉体验。

设计版面布局前应先画出版面的布局草图，接着对版面布局进行反复细划和调整，确定最终的布局方案。

常见的网页布局形式有"国"字型、"厂"字型、"框架"型、"封面"型和 Flash 型布局。

1. "国"字型布局

"国"字型也可以称为"同"字型，布局如图 1-1 所示。最上面是网站的标志、广告以及导航栏，下面是网站的主要内容，左右分别列出一些栏目，中间是主要部分，底部是网站的一些基本信息、联系方式和版权声明等。这种结构是国内一些大中型网站最常见的布局方式。这种布局的优点是充分利用版面、信息量大，缺点是页面拥挤、不够灵活。

2. "厂"字型布局

"厂"字型布局，结构与"国"字型布局很相近，如图 1-2 所示。上面是标题及广告横幅，下面左侧是一窄列链接等提示项，右列是正文，底部也是一些网站的辅助信息。这种布局的优点是页面结构清晰、主次分明，是初学者最容易掌握的布局方法。其缺点是规矩呆板，如果在细节色彩上不注意，很容易让人产生视觉疲劳。

图 1-1　"国"字型网页布局　　　　　　　　图 1-2　"厂"字型网页布局

3. "框架"型布局

"框架"型布局一般分为左右框架型、上下框架型以及综合框架型等布局结构，其中一栏是导航栏目，一栏是正文信息。复杂的框架结构可以将页面分成许多部分，常见的是三栏布局，上部一栏放置图片广告，左边一栏显示导航栏，右边显示正文信息内容，如图 1-3 所示。

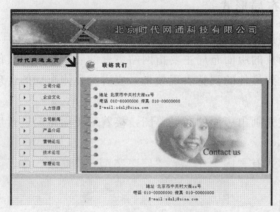

图 1-3 "框架"型网页布局

4. "封面"型布局

"封面"型布局较常出现在一些网站的首页，大部分为一些精美的平面设计结合一些小的动画，放上几个简单的链接或者仅是一个"进入"的链接按钮，甚至直接在首页的图片上做链接而没有任何提示。如果处理得当，这种布局形式会给人带来赏心悦目的感觉，如图 1-4 所示。

图 1-4 "封面"型网页布局

5. Flash 型布局

这种布局与封面型结构类似，只是采用了目前非常流行的 Flash 技术，页面所表达的信息更为丰富，其视听效果如果处理得当，绝不弱于传统的多媒体。如图 1-5 所示为采用 Flash 型布局的网页。

以上总结了目前网页设计常见的布局，此外还有许多别具一格的布局形式，其关键在于创意和设计。

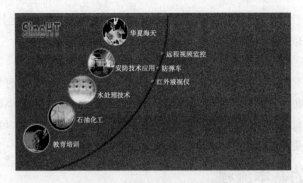

图 1 - 5　Flash 型网页布局

1.4.5　网页中的文字设计

文字是人类重要的信息载体和交流工具，网页中的信息也是以文字为主。虽然文字不如图像直观形象，但是却能准确地表达信息的内容和含义。因此，在确定网页的版面布局后，还需要确定文本的样式，如字体、字号和颜色等，并可以将文字图形化。

1. 文字的字体、字号、行距

网页中默认的标准字体是"宋体"中文和"Times New Roman"英文。如果在浏览器中没有设置任何字体，网页将以这两种字体显示。

字号大小可以用不同的方式来计算，如磅（point）或像素（pixel）。最适合于网页正文显示的字体大小为 12 磅左右。现在很多的综合性站点，由于在一个页面中需要安排的内容较多，通常采用 9 磅的字号。较大的字体可用于标题或其他需要强调的地方，小一些的字体可以用于页脚和辅助信息。需要注意的是，小字号容易产生整体感和精致感，但可读性较差。

字体选择是一种感性、直观的行为。但是，无论选择什么字体，都要依据网页的总体设计和浏览者的需要。在同一页面中，字体种类少则版面雅致，有稳定感；字体种类多则版面活跃，丰富多彩。因此，关键是如何根据页面内容来掌握这个比例关系。

行距的变化也会对文本的可读性产生很大影响。一般情况下，接近字体尺寸的行距设置比较适合正文。行距的常规比例为 10：12，即用字 10 磅，则行距 12 磅。

行距可以用行高（line - height）属性来设置，建议以磅或默认行高的百分数为单位。例如，{line - height：20pt} 或者 {line - height：150%}。

2. 文字的颜色

在网页设计中可以为文字、文字链接、已访问链接和当前活动链接选用各种颜色。如正常字体颜色为黑色，默认的链接颜色为蓝色，鼠标点击之后又变为紫红色。使用不同颜色的文字可以使想要强调的部分更加引人注目。但应该注意的是，对于文字的颜色，只可少量运用，如果什么都想强调，反而会分不清主次。另外，在一个页面上运用过多的颜色，会影响浏览者阅读页面内容。

颜色的运用除了能够起到强调整体文字中特殊部分的作用之外，对于整个文案的情感表达也会产生影响。

另外需要注意的是文字颜色的对比度，它包括明度对比、纯度对比以及冷暖的对比。这些不仅对文字的可读性发生作用，更重要的是，可以通过对颜色的运用实现想要的设计理念、设计情感和设计效果。

3. 文字的图形化

文字的图形化就是把文字作为图形元素来表现，同时又强化了原有的功能。将文字图形化、意象化，以更富创意的形式表达出深层的设计思想，能够避免网页的单调与乏味，吸引浏览者注意。网页设计中，既可以按照常规的方式来设置字体，也可以对字体进行艺术化处理，但都应围绕如何更出色地实现网页的设计目标而进行。

1.5　网站建设的基本流程

1.5.1　网站的需求分析

不论是简单的个人主页，还是复杂的大型网站，对网站的需求分析都要放到首位，因为它直接关系到网站的功能是否完善，层次是否合理以及是否能够达到预期的目的等。

1. 确定主题

确定网站的主题是网站建设的第一步，这需要在与客户充分交流和沟通的基础上进行确定，其核心就是客户希望通过网站来实现什么目标。

网站的主题就是网站所要包含的主要内容，无论是个人网站、企业网站还是综合性信息服务网站，都首先要明确树立自己的主题和方向，才能达到预计的效果。内容是网站的根本，一个成功的网站在内容方向必定要有独到之处，如搜狐新闻、谷歌搜索、新浪博客、华军软件、联众游戏等。

对于主题的选择，要注意以下三条原则：

1）主题要小而精。一般而言，除综合类的门户型网站外，任何类型的网站其主题选材定位范围要小，内容要精。如果把所有精彩的东西都放上去，往往会给人感觉缺乏主题、没有特色。

2）主题力求创新，目标不要太高。主题应避免到处可见、人人都有的题材，如软件下载。对于同一主题已经有非常优秀、知名度很高的网站，不要强求一下就能赶超它。

3）对于个人网站来说，选择的题材最好是设计者擅长或者喜爱的内容。也就是说，要找准自己最感兴趣的内容做深、做透，突出特色。

2. 确定浏览对象

大多数人希望每个上网的人都能访问自己的网站，但想创建每个人都能使用的网站是很困难的。网络之所以和电视、报纸相比有其独特的优势，很大程度上就是在于它交互性强、更新速度快以及灵活性好，所以网站设计者应该发挥这种优势，细分自己的用户群，拉近和特定用户的距离，找到他们感兴趣的东西。除了面向对象相对明确、固定的企业网站外，其他的商业网站或个人网站都要面临这个问题。

1.5.2　规划站点结构

一个网站设计得成功与否，很大程度上取决于对站点结构的规划水平。网站规划就是根据网站的需求分析，明确建设网站的目的及要实现的功能，由此对网站的内容进行设计，包括网站应包含哪些栏目、页面等，同时还要对网站的目录结构进行规划。

1. 网站规划的基本原则

1）明确建设网站的目的。建立网站之前，要有明确的目的，包括所要建立的网站的作用，服务的对象是哪些群体，要为浏览者提供怎样的服务等。只有定位准确，才能建成一个成功的网站。

2）进行可行性分析。可行性分析就是分析是否有能力、物力建设和维护这个网站，分析网站建设需要花费多少时间、精力、人力，性价比是否合算，以及网站建立以后是否有一定的经济效益或社会效益。

3）网站的内容设计。建设网站就是要为用户服务的，根据网站建设的目的，分析浏览者的需求，确定网站的内容。

4）网站的表现形式设计。有了好的内容，还要有好的表现形式，即网站本身的设计，如网站标志，网站的文字排版、平面设计、三维立体设计、静态无声图文、动态有声影像等。

2. 确定网站的目录结构

目录结构的好坏，对浏览者来说并没有什么太大的不同，但是对站点本身的上传、维护，以及内容的扩充和移植有着重要的影响。

网站的目录是指建立网站时创建的目录。假如在建立网站时，默认建立了根目录和images 子目录，下面是建立目录结构的一些建议。

1）不要将所有文件都存放在根目录下。如果将所有文件都放在根目录下，会造成的不利影响包括：

① 文件管理混乱，影响工作效率。常常搞不清哪些文件需要编辑和更新，哪些无用的文件可以删除，哪些是相关联的文件。

② 传输速度慢。服务器一般都会为根目录建立一个文件索引，当将所有文件都放在根目录下，即使只上传更新一个文件，服务器也需要将所有文件再检索一遍，建立新的索引文件。所以文件量越大，等待的时间也将越长。因此，应当尽可能减少根目录的文件存放数。

2）按栏目内容建立子目录。例如，网上教程类站点可以根据技术类别分别建立相应的目录，像数据库、网页制作、图像处理、动画制作等；企业站点可以按公司简介、产品介绍、价格、在线订单、联系方式等建立相应目录。

其他的次要栏目，如友情链接等需要经常更新的，可以建立独立的子目录。而一些相关性强、不需要经常更新的栏目，如站点介绍、联系方式等可以合并放在统一目录下。另外，所有需要下载的内容，也最好分类存放在相应的目录。

3）在每个主目录下都建立独立的images 目录。在默认情况下，站点根目录下都有images 目录，用来存放首页和次要栏目的图片。至于各个栏目中的图片，应按类存放，方便对本栏目中的文件进行查找、修改、压缩等操作。

4）目录的层次不要太深。为便于维护和管理，目录建议不要超过 4 层。不要使用中文目录，因为有些浏览器不支持中文。也不要使用过长的目录，因为尽管服务器支持长文件名，但是太长的目录名不便于记忆。尽量使用意义明确的目录。

1.5.3　收集素材

网站规划好后，就要开始创建和收集需要的素材，包括图片、文字、声音、视频、动画等。网站素材的来源主要有以下 4 个途径：

1）客户提供的资料，也是最主要的素材来源。

2）书籍、报刊杂志。

3）网络上收集的素材，只要在雅虎、百度等搜索引擎上查找相应的关键字，就可以找到很多所需的资料。

4）自己动手设计制作。

1.5.4　设计制作网页

网站需求分析和素材收集完了以后，就开始正式设计和制作网页。设计网页就是对页面进行布局设计、色彩搭配，协调文字、图片、音乐、动画、视频等内容。制作网页比较简单，可以利用 Dreamweaver，在网页上插入文本段落、图像、Flash 动画、表、动态 HTML 效果、声音以及超级链接等，这些都可以在很短的时间内完成。当然，在制作过程中，还需要利用 Photoshop 等工具对一些素材进行必要的处理。

1.5.5　开发动态网站功能模块

页面设计制作完成后，如果还需要动态功能，就需要开发动态功能模块。网站中常用的功能模块有搜索功能、留言板、新闻信息发布系统、在线购物等。

1. 搜索功能

搜索功能可以使浏览者在短时间内快速地从大量的资料中找到符合要求的资料，这对于资料非常丰富的网站来说非常有用。要建立一个搜索功能，就要有相应的程序以及完善的数据库支持。

2. 留言板

留言板、论坛以及聊天室是为浏览者提供信息交流的地方。浏览者可以围绕个别产品、服务或其他话题进行讨论，也可以提出问题、提出咨询，或者得到售后服务。但是，聊天室和论坛比较占用资源，且如果访问量不是很大，即使做好了也很少有人来访问。所以，除大中型的网站外，没有必要建设论坛和聊天室。

3. 新闻信息发布系统

新闻信息发布系统可以为设计者提供方便、直观的更新维护界面，提高工作效率、降低技术要求，非常适合用于经常更新的栏目或页面。

4. 在线购物

在线购物是实现电子交易的基础，用户将感兴趣的产品放入自己的购物车，以备最后统一结账。当然，用户也可以修改购物的数量，甚至将产品从购物车中去掉。用户选择结算后，系统将自动生成本系统的订单。

1.5.6　域名和服务器空间申请

要建立网站，首先要确定一个域名。域名是唯一的，不同网站间不能取相同的域名，因此域名就成了网站珍贵的无形资产。

如何确定一个域名是否已被注册呢？一个简单的方法就是在浏览器中输入域名，如果能够打开这个网站的页面，则说明此域名已被注册。更好的方法是到国际互联网络中心查询顶级域名是否被注册，或者到中国互联网络信息中心查询国内域名是否被注册。可以到国内的域名代理机构申请新域名。

申请服务器空间时，应注意以下几个问题：

1）在选择服务器空间提供商之前，必须对自己的网站有全面的认识。首先，应该从内容和定位来预计未来的访问量范围，然后选择所需的带宽和服务器配置。其次，是服务商能够提供的服务器空间和服务项目的选择，如果不是使用数据库技术访问的网站，空间在30MB 之内应该是够用的。许多服务商都提供至少 100MB 的服务器空间，实际上如果网站不包含数据库或者大型的图库，100MB 的空间可以说是浪费了许多资源，当然在考虑空间的时候要全面考虑到以后的更新。最后要考虑服务商的稳定性，尽量注册国际域名。

2）很多人在确定了对服务器的需求之后，在寻找提供满足自己需要的服务商方面往往不知所措。要么服务商提供的服务对自己来说有点浪费，要么就是在价格上没办法接受。网站首先要保证连接速度和稳定性，在比较完服务商的价格后，最好去他们的一些客户的网站上看看，通过连接速度来观察服务质量。如果服务商服务质量比较差，不仅会在连接上比较慢，有时候还会经常出现域名解释上的错误。在最后确定了一两家服务商后，可以直接打电话或者写信与他们联系，咨询服务条款、内容及价格。

3）签订协议时，一定要注意一些细节问题，如仔细研究收到的服务条款，书写好注册信息，确保正确。在付款之后一定要保存单据，在收到密码后要尽量更改密码。

如果是一个较大的企业，可以建立自己的机房，配备技术人员、服务器、路由器和网络管理软件等，再向邮电局申请专线，从而建立一个属于自己的独立网站。但这样做需要较大的投资，而且日常维护费用也比较高。

对于中小型企业申请服务器空间，有以下两种解决方法：

1）虚拟主机，即将网站放在 ISP 的 Web 服务器上。这种方法对于一般中小型企业来说是一个较为经济的方案。虚拟主机与真实主机在运作上毫无区别，特别适合那些信息量和数据量不大的网站。

2）主机托管。如果企业的网站有较大的信息量和数据量，需要很大的存储空间时，可以采用这种方案，即将已经制作好的服务器主机放在 ISP 网络中心的机房里，借用 ISP 的网络通信系统接入 Internet。

1.5.7　网站的发布与维护

网站的域名和空间申请完后就可上传网站文件了，可以采用 Dreamweaver 自带的站点管理器上传文件，也可以采用专门的 FTP 软件上传。注意，在申请空间时一定要记下所申请空间的 FTP 主机地址、用户名、密码等信息，这些都是上传网站文件时必须要设置的内容。

一个好的网站，不是一次性就可以制作完成的。由于网站的内容要随时调整变化，给人常新的感觉，因此就要对站点进行长期不间断的维护和更新。

1.5.8　网站的推广

网站建设完成后，如果没有宣传，即使设计得再好也不会有多少人访问，网站也就没有什么意义。网站的宣传有很多种方式，下面介绍一些主要的方法。

1. 注册到搜索引擎

这是一种最为方便、常用的宣传网站的方法。目前比较知名的搜索引擎主要包括：百度（http：//www.baidu.com）、Google（http：//www.google.com）、雅虎（http：//www.yahoo.com.cn）、搜狐（http：//www.sohu.com）、新浪（http：//www.sina.com.cn）、网易（http：//www.163.com）等。

2. 交换广告条

广告交换是宣传网站的一种较为有效的方法。广告交换网主要有：太极链（http：//www.textclick.com）、网盟广告交换网（http：//www.webunion.com）等。

也可以交换友情链接，友情链接包括文字链接和图片链接。文字链接一般就是公司的名字，图片链接包括 LOGO 的链接和 Banner 的链接。

3. 专业论坛宣传

目前网上有各种各样的论坛，可以找一些跟自己的网站服务内容相关并且访问量比较大的一些论坛，在论坛上发布自己网站内容的帖子。

4. 直接向客户宣传

一个稍具规模的公司一般都有业务部、市场部或者客户服务部。可以通过业务员跟客户打交道的时候直接将公司网站的网址告诉给客户，或者直接给客户发 E-mail 等。

此外还可通过网络广告、平面媒体广告等方法推广网站。

习　题

一、填空题

1. 网页制作的常用工具有_____、_____、_____和_____等。

2. 网页的基本元素包括_____、_____、_____和_____等。

3. 常见的网页布局形式主要有_____、_____、_____、_____和_____等。

4. 网站开发流程包括_____、_____、_____、_____和_____五个步骤。

5. 网站推广的方法主要有_____、_____、_____和_____等。

6. 利用 FTP 上传网站文件时，一般要设置_____、_____和_____等信息。网站开通后，还需要对站点进行长期不间断的_____。

二、上机操作

浏览一些常用网站，认识网页的构成元素，分析其布局特点及栏目、板块的设置，观察其页面色彩的运用等。

第 2 章　创建与管理站点

学习目标:

1) 了解认识 Dreamweaver CS3,熟悉 Dreamweaver CS3 操作环境。
2) 掌握站点的创建与管理方法。

2.1　案例——"小昭之家"站点的规划与创建

站点是存储所有 Web 网站文件和文档的地方,通过对站点的设置,可以很方便地实现对网页统一的管理、在服务器上的远程文件管理及文件传输。

2.1.1　案例介绍

本案例是"小昭之家"学生个人网站的规划和创建,网站首页效果如图 2-1 所示。

图 2-1　"小昭之家"首页

2.1.2　案例分析

本案例主要讲解"小昭之家"学生个人网站的本地站点创建方法,用到的知识点主要有站点的规划、站点的创建、管理、编辑等。

2.1.3　案例实现

1. 规划站点

站点规划是一个复杂的系统工程,包括一系列的组织、策划和设计,只有进行了正确的站点规划,建立站点时才能事半功倍。

　　"小昭之家"学生个人网站主要展示学生个人的生活、学习、兴趣爱好等，共分 5 个小栏目，分别是个人日记、班级相册、个人档案、音乐收藏、Flash 作品。由于本网站规模较小，文件也不多，在站点目录结构规划上可以简单一些，不必为每个栏目都建一个文件夹，因此本网站规划建立如下几个文件夹：images、music、flash、pages，分别用于存放图片、音乐、Flash 作品和网页文件。

2. 创建站点

　　1）单击桌面上的图标或选择【开始】→【所有程序】→【Adobe Dreamweaver CS3】命令，运行 Dreamweaver CS3。

　　2）选择菜单栏中的【站点】→【新建站点】命令，打开"定义站点"对话框，单击其中的【高级】选项卡，如图 2-2 所示。

　　3）在"分类"列表框中单击"本地信息"项，开始定义站点的本地信息。在"站点名称"文本框中输入"小昭之家"，在"本地根文件夹"文本框中指定硬盘上的某一文件夹作为该站点文件的存储位置，如"E：\ch2\"。这个文件夹可以是已经存在的文件夹，也可以是不存在的，如果不存在，系统会自动创建。

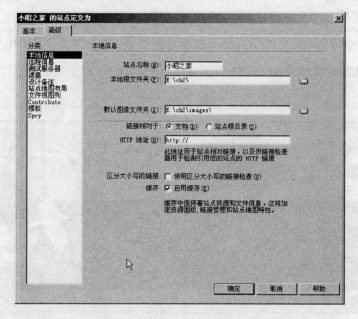

图 2-2　定义"小昭之家"站点

　　4）其他选项采用默认即可，单击【确定】按钮即完成本地站点的初步设置。在文件面板中即出现已经定义的站点"小昭之家"，如图 2-3 所示。

　　5）在"文件"面板中按照站点规划建立子文件夹 images、music、flash 和 pages，方法是在"站点-小昭之家"根文件夹上单击右键，在弹出的快捷菜单中选择【新建文件夹】命令，即新建了一个名为"untitled"的文件夹，把此文件夹改名为"images"，同样的方法可以建立其他几个文件夹，如图 2-4 所示。

图 2-3 "文件"面板中的"小昭之家"站点   图 2-4 "小昭之家"站点目录结构

6) 在"站点-小昭之家"根文件夹上单击右键,在弹出的快捷菜单中选择【新建文件】命令,即新建了一个名为"untitled.html"的网页文件,把此文件改名为"index.html"。在文件"index.html"上单击右键,弹出快捷菜单,选择【设成首页】命令,即将此页面设置为网站的首页。

2.2 相关知识

2.2.1 Dreamweaver CS3 操作环境

1. 选择工作界面

Dreamweaver CS3 具有全新的风格和启动画面,它提供了面向设计人员的布局和面向手工编码人员需求的布局。首次启动 Dreamweaver CS3 时,会出现一个"工作区设置"对话框,如图 2-5 所示。

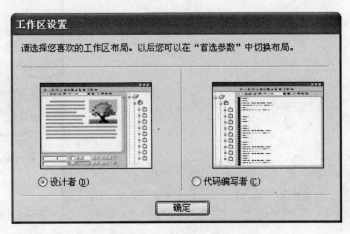

图 2-5 "工作区设置"对话框

在设计过程中,如果需要切换工作界面,只须在 Dreamweaver CS3 的【窗口】菜单中选择【更改工作区】命令,打开"工作区布局"对话框进行另一种工作界面的选择,如图 2-6 所示。

用户可以选择"设计者"和"代码编写者"两种工作界面中的任意一种。其中,"设计者"界面为用户提供了"所见即所得"的可视化创作环境,将所有文档窗口和面板整合到主窗口中,默认将面板放在窗口的右侧,如图 2-7 所示。

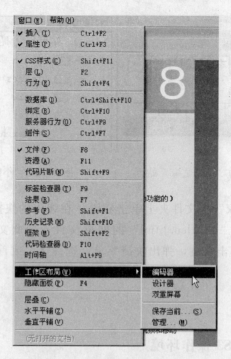

图 2-6　【工作区布局】命令

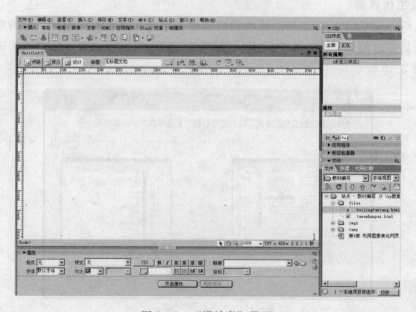

图 2-7　"设计者"界面

"代码编写者"界面主要为喜欢手写代码的用户设计，也是一个整合型的工作界面，但其面板放在主窗口的左边，如图 2-8 所示。

2. 界面组成

Dreamweaver CS3 将所有的关联窗口及面板全部整合放置在一起，形成了一个美观紧凑的界面，如图 2-9 所示。该界面主要由标题栏、菜单栏、工具栏、文档窗口、状态栏、属性面板和控制面板组成。

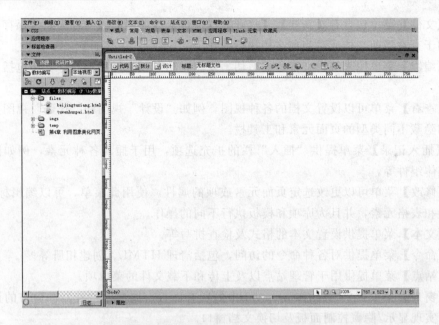

图 2-8　“代码编写者”界面

标题栏
菜单栏
工具栏
控制面板
文档窗口
状态栏
属性面板

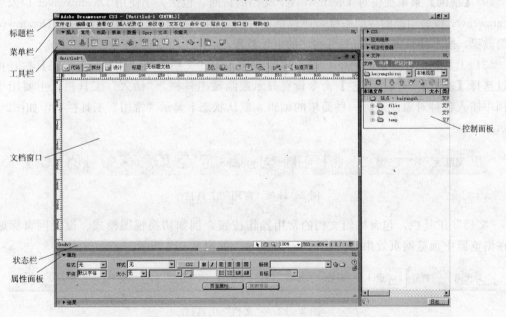

图 2-9　Dreamweaver CS3 的界面组成

Dreamweaver 界面组件的主要功能如下：

（1）标题栏　显示应用程序的名称、最小化、最大化和正常之间的切换按钮以及关闭按钮。

（2）菜单栏　包含有【文件】、【编辑】、【查看】、【插入记录】、【修改】、【文本】、【命令】、【站点】、【窗口】、【帮助】10 个菜单项，如图 2-10 所示。具体功能有：

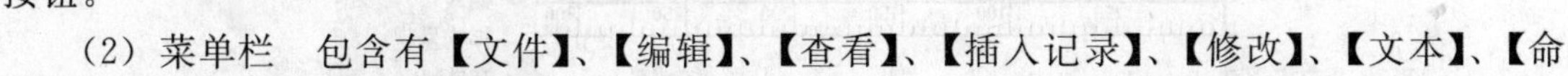

文件(F)　编辑(E)　查看(V)　插入记录(I)　修改(M)　文本(T)　命令(C)　站点(S)　窗口(W)　帮助(H)

图 2-10　菜单栏

1)【文件】菜单包含有【新建】、【打开】、【保存】、【关闭】、【另存为】、【保存全部】等命令，用于查看当前文档或对当前文档执行操作。

2)【编辑】菜单用来编辑文本，如剪切、复制、粘贴、选择和查找等，还包括【首选参数】命令。

3)【查看】菜单可以设置文档的各种视图，例如"设计"视图和"代码"视图，并且可以显示和隐藏不同类型的页面元素和工具栏。

4)【插入记录】菜单提供"插入"栏的扩充选项，用于插入各种元素，例如图片、表格、多媒体组件等。

5)【修改】菜单可以更改选定页面元素或项的属性。使用此菜单，可以编辑标签属性，更改表格和表格元素，并且为库项和模板执行不同的操作。

6)【文本】菜单提供设置文本的格式及检查拼写等。

7)【命令】菜单提供对各种命令的访问，包括清理 HTML、创建相册等。

8)【站点】菜单提供用于管理站点以及上传和下载文件的菜单项。

9)【窗口】菜单提供对 Dreamweaver 中的所有面板、属性、检查器和窗口的访问，在这里可以实现显示/隐藏控制面板及切换文档窗口。

10)【帮助】菜单提供对 Dreamweaver 文档的访问，包括关于使用 Dreamweaver 以及创建 Dreamweaver 扩展功能的帮助系统，还包括各种语言的参考材料。其中包含一个 Dreamweaver 入门教程，按下〈F1〉键，即可打开程序的电子教程。

（3）工具栏　Dreamweaver CS3 提供了"插入"、"文档"和"标准"三个工具栏，可以通过选择【查看】→【工具栏】命令设置显示或隐藏工具栏。"插入"工具栏，主要用于在文档中插入各种对象及进行一些简单的编辑，默认状态下显示"常用"工具栏项，如图 2-11 所示。

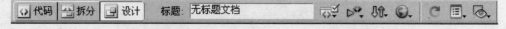

图 2-11　"常用"工具栏

"文档"工具栏，包含编辑文档的常用操作按钮，例如切换视图模式、设置网页标题以及在浏览器中预览网页效果（快捷键〈F12〉）等，如图 2-12 所示。

图 2-12　"文档"工具栏

"标准"工具栏，包含常用的文件操作按钮及基本的编辑按钮，默认状态下为隐藏。可以单击右键，从弹出菜单中选择【标准】命令，如图 2-13 所示。

图 2-13　"标准"工具栏

（4）文档窗口 Dreamweaver CS3 中的文档窗口用于显示当前创建或编辑的文档，如图 2-14所示。

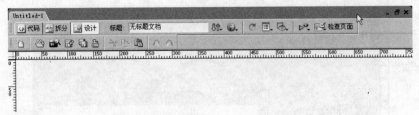

图 2-14 展开状态下的文档窗口

Dreamweaver 通常为用户提供了"代码"、"拆分"和"设计"三种视图模式，用户可以根据需要使用"常用"工具栏中的相应按钮来进行切换，如图 2-15～图 2-17 所示。

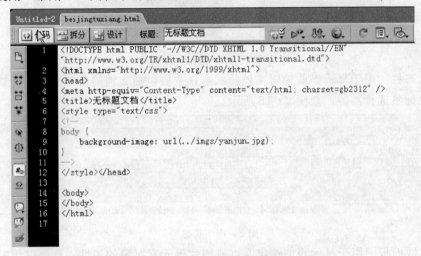

图 2-15 "代码"视图

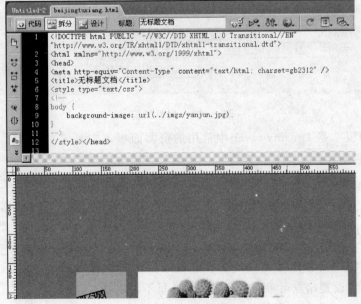

图 2-16 "拆分"视图

图 2-17 "设计"视图

（5）状态栏 用于显示当前编辑文档的状态，主要包括文档的窗口大小、文档的大小和下载时间及标签选择器等，如图 2-18 所示。

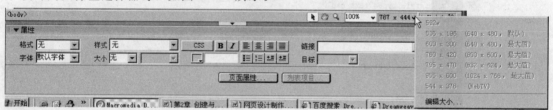

图 2-18 状态栏

（6）属性面板 用于显示当前选定文本或图片等元素对象的属性，且可以用来修改选定对象的属性，如图 2-19 所示。

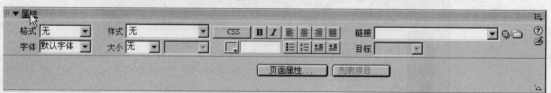

图 2-19 属性面板

（7）控制面板 是 Dreamweaver 中常用的资源面板，主要包括 "CSS"、"应用程序"、"标签检查器"、"框架"、"历史记录" 和 "文件" 等面板，如图 2-20 所示，可以通过【窗口】菜单设置显示或隐藏面板。

2.2.2 创建站点

创建站点可使用向导搭建站点，也可以通过高级面板设置站点。通过高级面板设置站点可参照本章案例，这里不再重复。

应用 Dreamweaver CS3 提供的站点定义向导，用户可以很方

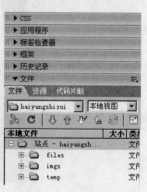

图 2-20 控制面板

便的创建站点。站点定义向导共分三个区域：编辑区域用于设置本地文件夹的地方；测试区域用于设置 Dreamweaver 处理动态页面的文件夹地方；共享文件用于设置远程文件夹的地方。

应用站点定义向导创建站点步骤如下：

1）打开 Dreamweaver CS3，选择菜单栏中的【站点】→【新建站点】命令，或者选择【站点】→【管理站点】→【新建】→【站点】命令，打开"定义站点"对话框。

2）单击【基本】选项卡，进入"站点定义"对话框，这是定义站点的向导。定义网站名称"haiyangshuizu"，如图 2-21 所示。

3）单击【下一步】按钮。制作静态网站时，选择"否，我不想使用服务器技术"单选按钮，如图 2-22 所示。

4）单击【下一步】按钮，开始设置网页存储方法和路径，如图 2-23 所示。

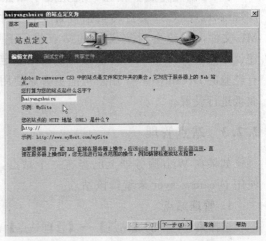

图 2-21　定义站点第一步

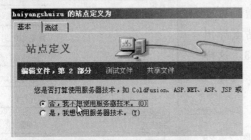

图 2-22　定义站点第二步

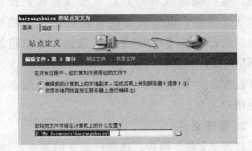

图 2-23　定义站点第三步

5）完成以上设置后，单击【下一步】按钮，进入图 2-24 所示窗口，选择连接服务器的方式以及网页在服务器上的存储位置。一般情况下，选择"本地/网络"项，在选择网页文件存储位置时，将远程服务器端的文件夹和本地计算机上的文件夹设置为同一个，方便今后对网站的维护更新。

6）单击【下一步】按钮，进入如图 2-25 所示窗口，在这里选择是否使用"存回"和"取出"选项。若选中"是，启用存回和取出"选项，则可以多人共同完成网站的维护工作。

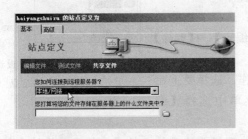

图 2-24　定义站点第四步

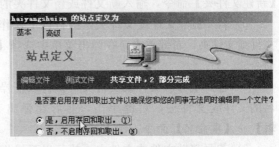

图 2-25　定义站点第五步

7）单击【下一步】按钮，进入如图 2 - 26 所示对话框，询问设置的信息是否准确。

8）单击【完成】按钮，就完成了站点的定义。Dreamweaver CS3 会自动扫描设置文件夹中的 HT-ML 文件，系统会对定义好的站点进行自动加载。建议不熟悉 Dreamweaver 的用户使用站点定义向导，有经验的 Dreamweaver 用户可能更喜欢使用"高级"面板进行设置。

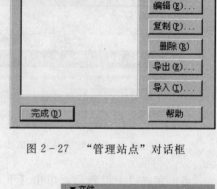

图 2 - 26 定义站点第六步

2.2.3 站点管理

如果在 Web 服务器上已经有一个站点，则可以使用 Dreamweaver 来编辑该站点。

1. 管理站点

选择菜单栏中的【站点】→【管理站点】命令，弹出"管理站点"对话框，如图 2 - 27 所示。

在对话框中选择所要管理的站点，单击【编辑】按钮，可以编辑现有站点；单击【删除】按钮，可以删除所选站点，需要注意的是删除操作无法撤销，要慎重使用；单击【导出/导入】按钮，可以将站点导出为 XML 文件，然后将其导回 Dreamweaver CS3，这样就可以在各计算机和产品版本之间移动站点，或者与其他用户共享。

2. 管理文件

打开"文件"面板，选择已定义的站点，如图 2 - 28 所示。

在"文件"面板中可以对站点进行打开文件、更改文件名以及添加、移动或删除文件等操作。

1）若要打开文件，执行以下操作：双击要打开的文件，Dreamweaver 会在编辑区打开该文件。

2）若要创建新的文件或文件夹，执行以下操作：选择一个文件或文件夹，右键单击，在弹出菜单中选择【新建文件】或【新建文件夹】命令，输入新文件或新文件夹的名称。

3）若要删除文件或文件夹，执行以下操作：选择要删除的文件或文件夹，右键单击，在弹出菜单中选择【编辑】→【删除】命令。

图 2 - 27 "管理站点"对话框

图 2 - 28 在"文件"面板选择已定义的站点

4）若要重命名文件或文件夹，执行以下操作：选择要重命名的文件或文件夹，右键单击，然后在弹出菜单中选择【编辑】→【重命名】命令，键入新名称。

5）若要移动文件或文件夹，执行以下操作：选择要移动的文件或文件夹，将该文件或文件夹拖到新位置。

移动文件时，会出现"更新文件"对话框，如图 2-29 所示，询问是否更新超链接，一般单击【更新】按钮。

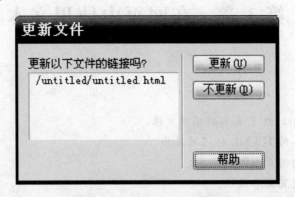

图 2-29　"更新文件"对话框

站点文件也可以通过"站点地图"的视图方式进行管理，在"文件"面板的右上角的下拉列表框中选择【地图视图】命令即可进行"站点地图"视图方式。

3. 网站上传与下载

建立网站的目的就是要将制作好的网页发布到互联网上去，以便让其他人浏览、欣赏。在 Dreamweaver 中，这一过程称为"上传"。

上传之前首先应申请域名和空间，申请成功后会提供一个网站空间地址及上传文件的用户名、密码等，然后设置远程主机信息，为上传做准备。

从远程服务器上获取文件的过程叫做"下载"。在 Dreamweaver 中一样可以进行，操作步骤如下：

1）从远程站点窗口中选择要下载的文件。

2）单击站点窗口上的"获取文件"按钮 ⇩ 。

3）如果选中的文件中引用了其他位置的内容，则会出现一个消息对话框，提醒用户是否要将这些引用内容也同时下载。下载文件是上传的逆向动作，方法都是相同的，只是执行的命令不同。

习　　题

一、填空题

1. Dreamweaver CS3 有 _____ 和 _____ 两种工作区。

2. 网页设计有两种方法，分别是 _____ 和 _____ 。

3. Dreamweaver CS3 提供了 _____ 、 _____ 和 _____ 三种视图方式。

4. 为了维护方便，目录的层次最好不要超过 _____ 层。

二、上机操作

练习规划一个网站并进行创建。

第 3 章　在网页中使用文本

学习目标：

1）掌握 Dreamweaver 中文本的编辑方法。
2）掌握常用文本的 HTML 标记的应用。
3）能够熟练地向网页中添加文本。
4）能够熟练地设置文本属性。
5）能够熟练地添加项目符号和列表符号。

3.1　案例——个人网站首页

　　文本是网页中不可缺少的元素之一，是发布网页信息的主要形式。文字制作出的网页体积小，访问速度极快。Dreamweaver 提供了强大的文本处理功能，本章主要介绍各种文本编辑的方法和操作，如插入特殊字符、插入日期和格式化文本等。Dreamweaver 可以从 Word、Excel 等编辑工具里把文字和表格直接复制过来。

　　首先观察以下两个页面（如图 3-1、图 3-2 所示），看看文字的使用方法。

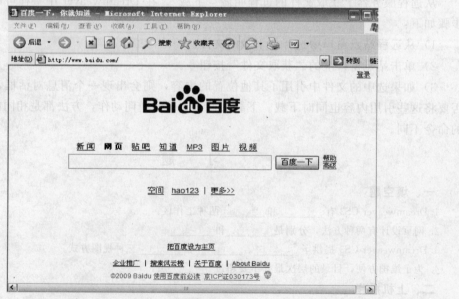

图 3-1　百度网站首页

图 3-2　腾讯网站首页

问题 1：两个网页中文字的字体、大小、颜色及位置有何区别，效果如何？

问题 2：这些文字元素是如何制作的呢？

3.1.1　案例介绍

本案例通过创建一个介绍个人基本情况的简单个人网站首页，介绍文本在网页中的使用方法，实例效果如 3-3 所示。

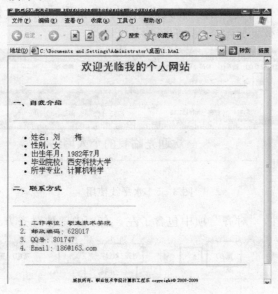

图 3-3　个人网站首页实例

3.1.2　案例分析

本案例主要对文本进行格式设置，包括设置文本的字体、尺寸、颜色、样式等内容；利用有序列表和无序列表按钮设置列表；同时使用水平线分割页面区域。

3.1.3 案例实现

1) 创建一个新网页，将其保存为"index. htm"。

2) 在设计视图的工作区域空白处输入文字"欢迎光临我的个人网站"。选中文字，在 Dreamweaver 下方的属性面板上设置其段落属性为"标题 1"，对齐方式为"居中"，修改其颜色为"红色"，如图 3-4 所示。

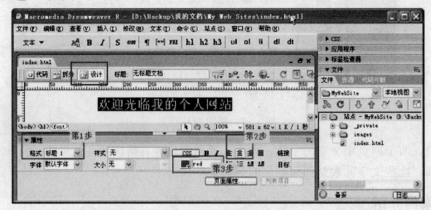

图 3-4　"设计"模式

3) 鼠标定位在"欢迎光临我的个人网站"后面，按〈Enter〉键换行，选择常用插入栏中的"HTML"选项，单击其后的"插入水平线"按钮▓，在"欢迎光临我的个人网站"下面插入一条水平线，效果如图 3-5 所示。

图 3-5　水平线使用

4) 设置水平线属性，"对齐"项中包含了左、右、中三种对齐方式，如图 3-6 所示。

图 3-6　水平线对齐方式设置

5) 在水平线后面按〈Enter〉键换行，输入文字"一、自我介绍"。选中该文本，设置其属性，如图 3-7 所示。

这里对文字的字体也可以进行设置。选中需设置字体的文本，单击【文本】→【字体】命令，在弹出的子菜单中选择所需要的字体，或者打开属性检查器，单击"字体"下拉列表，在弹出的列表中选择所需字体。

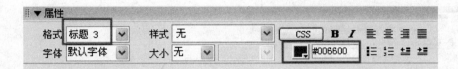

图 3-7 标题属性设置

6）重复步骤 2）插入水平线，设置水平线属性，如图 3-8 所示。

图 3-8 水平线属性设置

7）在水平线后面按〈Enter〉键换行。输入"姓名"、"性别"、"出生年月"、"毕业院校"、"所学专业"等四行文字，每行的结尾按〈Enter〉键换行。

8）选中这四行文字，切换"常用"工具栏为"文本选项"，点击其上的"项目列表"按钮 **ul**，完成项目列表的制作，如图 3-9 所示。完成后效果如图 3-10（区域 1）所示。

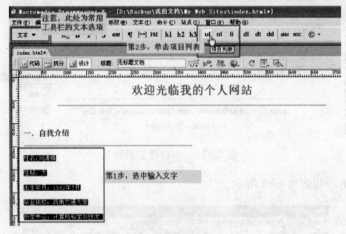

图 3-9 项目列表制作

9）重复步骤 3）～7），完成联系方式部分文字设置，完成后效果如图 3-10（区域 2）所示。

10）选中联系方式的四行文字，切换"常用"工具栏为"文本选项"，点击其上的"编号列表"按钮 **ol**，完成后效果如图 3-11 所示。

11）重复步骤 3）插入页面底部的水平线并设置其属性。

12）在水平线后面按〈Enter〉键换行。输入版权信息，设置其属性为居中对齐，插入版权符号，如图 3-12 所示。

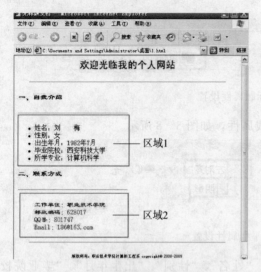

图 3-10 联系方式文字设置

图 3-11 编号列表设置

图 3-12 版权信息设置

13）插入日期，如图 3-13 所示。

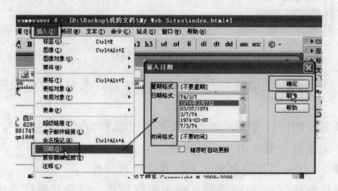

图 3-13 插入日期信息

14）制作完毕，保存网页文件。最后设计界面如图 3-14 所示。

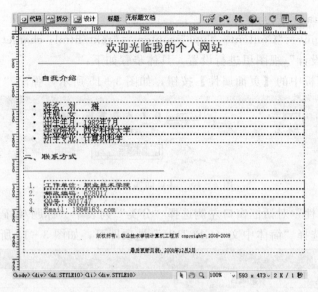

图 3 - 14 最后设计界面

3.2 相关知识

3.2.1 在网页中插入文本

1. 插入普通文本

在 Dreamweaver 中，向网页中添加文本有以下几种方法：

1）直接在文档窗口中输入文本。在设计视图中，用户将鼠标定位于要插入文本的位置处，选择合适的输入法输入相应的文本即可。输入文本时，按下〈Enter〉键可以换行并创建一个新的段落，如果仅想换行而不分段，可以按〈Shift〉+〈Enter〉键。另外，HTML 只允许字符之间包含一个空格，如果要在文档中添加多个空格，需要将输入法切换到中文全角状态，就可以插入多个空格了。

2）复制文本。用户可以从其他的应用程序中复制文本，然后切换到 Dreamweaver 中，将插入点定位在要插入文本的位置处，然后选择【编辑】→【粘贴】命令，或者使用〈Ctrl〉+〈V〉的粘贴快捷键，就可以将文本粘贴到窗口中了。Dreamweaver 在粘贴文本时将忽略原文本的格式，仅仅以纯文本的方式粘贴。

3）从其他文档导入文本。能够合并到 Web 页的文本内容的常见文档类型有 ASCII 文本文件、RTF 文件和 MS Office 文档。Dreamweaver 可以从这些文档类型中取出文本，然后将其并入 Web 页中。

2. 编码设置

编码指文档中字符所用的编码，文档编码在文档头中的 meta 标签内指定，它告诉浏览器和 Dreamweaver 应如何对文档进行解码以及使用哪些字体来显示解码的文本。

例如，要指定日语编码为"shift_JIS"，则插入以下 meta 标签：

〈meta http-equiv="Content-Type" content="text/html; charset= shift_JIS"〉

浏览器将使用用户为日语编码指定的字体来显示文档。若使用汉语编码"简体中文

（GB2312）"，则 meta 标签为：

〈meta http‑equiv＝"Content‑Type" content＝"text/html；charset＝ GB2312"〉

或者可以在"设计"视图里进行设置，具体步骤如下：

1）单击属性面板中的【页面属性】按钮，如图 3‑15 所示，弹出"页面属性"对话框。

图 3‑15 【页面属性】按钮

2）在"页面属性"对话框窗口左侧选择"分类"列表中"标题/编码"项，在右侧"编码"下拉列表框中选择"简体中文（GB2312）"选项即可，如图 3‑16 所示。

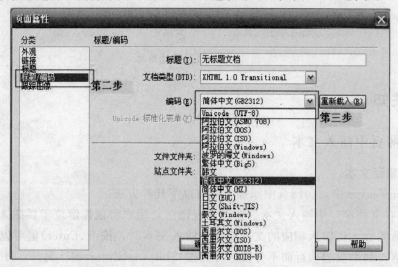

图 3‑16 编码设置

注意：一旦进行了编码设置，可以选择【编辑】菜单下面的【首选参数】命令，在"分类"列表框的"字体"类别里的"字体设置"命令也会发生相应的变化。在查看"代码"视图时，感觉字体、大小不合适，也可以在"分类"列表框的"字体"类别里设置字体及大小，如图 3‑17 所示。

3. 插入特殊文本

某些特殊字符在 HTML 中以名称或数字的形式表示，它们称为实体。HTML 包含版权符号（＆copy；）、注册商标符号（＆reg；）等字符的实体名称。每个实体都有一个名称（如＆mdash；）和一个数字等效值（如＆♯151；）。具体操作方法如下：

1）在"设计"窗口中，将插入点放在要插入特殊字符的位置。执行下列操作之一：

① 选择菜单栏中的【插入】→【HTML】→【特殊字符】命令，选择字符名称。

② 在"插入"栏中的"文本"类别中，单击【字】按钮选择需要的字符。

2）在字符之间添加空格。HTML 只允许字符之间包含一个空格，若要在文档中添加其他空格，须插入连续空格。可以设置一个在文档中自动添加不换行空格的首选参数。若要插入不换行空格，执行下列操作之一：

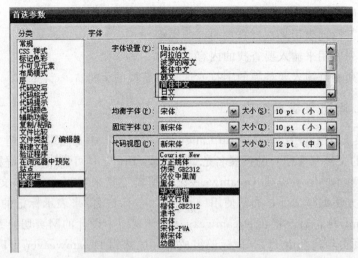

图 3-17　代码视图字体设置

① 选择菜单栏中的【插入】→【HTML】→【特殊字符】命令，选择"不换行空格"。

② 在"插入"栏中的"文本"类别中，单击【字符】按钮，选择"插入不换行空格"。

3.2.2　文本的其他操作

1. 文字的复制与移动、拼写检查

（1）文字的复制与移动　在网页文档的"设计"视图和"代码"视图状态的文档窗口内，可以进行文字的复制和移动操作，其方法与 word 中的方法基本一样。

（2）文字的拼写检查　选择菜单栏中的【文本】→【检查拼写】命令，Dreamweaver 会检查网页内所有英文单词的拼写是否正确。如果拼写全部正确，则调出检查完毕的提示框；如果有不正确的英文单词，则将调出"检查拼写"对话框。该对话框中会列出错误的英文单词并推荐更改的英文单词，供用户修改错误的单词。

2. 文字的查找与替换

选择菜单栏中的【编辑】→【查找和替换】命令，可以调出"查找和替换"对话框，如图 3-18 所示。

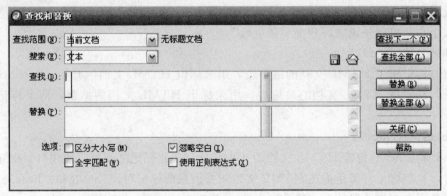

图 3-18　"查找和替换"对话框

该对话框内各选项的作用如下：

1）"查找范围"下拉列表用来选择查找的范围。

2）"搜索"下拉列表用来选择查找内容的类型。

3）"查找"列表用来输入要查找的内容。

4）"替换"列表可输入要替换的字符或选择要替换的字符。

3.2.3 HTML 概述与基本结构

HTML 是英文 HyperText Markup Language 的缩写，中文意思是"超文本标记语言"。用 HTML 编写的文件（文档）的扩展名是 .html 或 .htm，是可供浏览器解释浏览的文件格式。可以使用记事本、写字板或 Dreamweaver 等编辑工具来编写 HTML 文件。HTML 语言使用标记对的方法编写文件，通常使用〈标记名〉、〈/标记名〉来表示标记的开始和结束，例如〈html〉和〈/html〉标记对。将在 Dreamweaver 设计视图中设计的网页切换到代码视图就会发现，设计的网页实际就是由 HTML 标记组成的。虽然用 Dreamweaver 可以直接设计出非常美观的网页，但在设计个性化或功能更强大的网页、需要进行脚本编写时，就要熟悉 HTML 语言。

一个完整的 HTML 文件包括标题、段落、列表、表格以及各种嵌入对象，这些对象统称为 HTML 元素。在 HTML 中，使用标记或标签(tag)来分割并描述这些元素。因此，HTML 文件就是由各种 HTML 标记和元素组成的。一个 HTML 文件的基本结构如下：

〈html〉

　　〈head〉

　　　头部信息

　　〈/head〉

　　〈body〉

　　　文档主体部分

　　〈/body〉

〈/html〉

HTML 文档的基本结构是以〈html〉开头、〈/html〉结尾，中间分两部分，即以〈head〉开始、〈/head〉结束的开头部分和以〈body〉开始、〈/body〉结束的主体部分。

一般来说，HTML 标记都是成对出现的，但也有一些例外，以后将会介绍 HTML 标记不区分大小写，也就是说大写和小写都可以。

1.〈html〉和〈/html〉

〈html〉标记用于 HTML 文档的最前边，用来标识 HTML 文档的开始。而〈/html〉标记恰恰相反，它放在 HTML 文档的最后边，用来标识 HTML 文档的结束，两个标记必须一起使用。

2.〈head〉和〈/head〉

〈head〉和〈/head〉构成 HTML 文档的开头部分，在此标记之间可以使用〈title〉与〈/title〉等标记对，这些标记对都是描述 HTML 文档相关信息的标记对。〈head〉和〈/head〉标记对之间的内容是不会在浏览器的框内显示出来的，两个标记必须一起使用。

3.〈body〉和〈/body〉

〈body〉和〈/body〉是 HTML 文档的主体部分，在此标记对之间可包含〈p〉与〈/p〉、〈h1〉与

〈/h1〉、〈br〉、〈hr〉等众多的标记，它们所定义的文本、图像等将会在浏览器的框内显示出来。两个标记必须一块使用。

4.〈title〉和〈/title〉

使用过浏览器的人可能都会注意到浏览器窗口最上边蓝色部分显示的文本信息，这些信息一般是网页的"标题"。要将网页的主题显示到浏览器的顶部其实很简单，只要在〈title〉与〈/title〉标记对之间加入要显示的文本即可。

注意：〈title〉与〈/title〉标记对只能放在〈head〉与〈/head〉标记对之间。

下面是一个简单的 HTML 文档：

```
〈html〉
   〈head〉
     〈title〉一个简单的 HTML 例子〈/title〉
   〈/head〉
   〈body〉
     〈center〉
        〈h3〉欢迎光临我的主页〈/h3〉
        〈br〉
        〈br〉
        〈font size＝2〉这是我第一次做网页，无论怎么样，我都会努力做好〈/font〉
     〈/center〉
   〈/body〉
〈/html〉
```

3.2.4　文本的 HTML 标记应用

每个 HTML 标记都由标记符对（或单标记符）和属性组成，其一般格式为：

〈标记符 属性 1＝属性值 1 属性 2＝属性值 2 ……〉受影响的内容〈/标记符〉

或　〈标记符 属性 1＝属性值 1 属性 2＝属性值 2 ……〉

有些标记没有属性或属性可以省略。

1. 常用字体风格标记

字体风格分为物理风格和逻辑风格。字体的物理风格即直接指定字体，字体标记见表 3-1。字体逻辑风格用来指定文本的作用，如强调〈em〉、键盘输入〈kbd〉、变量〈var〉等。

表 3-1　常用字体风格标记

名　　称	作　　用
〈b〉〈/b〉	文字加粗体
〈i〉〈/i〉	文字加斜体
〈u〉〈/u〉	文字加底线
〈s〉〈/s〉	文字加删除线
〈sub〉〈/sub〉	下标
〈sup〉〈/sup〉	上标

例如，要给字体添加粗体风格，其语法格式为：

〈b〉文字内容〈/b〉

其他风格标记类似方法使用。

2. 字体标记〈font〉与〈/font〉

字体标记的语法格式如下：

〈font face ="文字字体类型"size ＝ 字体字号 color ＝ 字体颜色〉文字内容〈/font〉

3. 段落标记〈p〉与〈/p〉

段落标记的作用是将其内的文字另起一段显示，段与段之间有一个空行。

本书只简单介绍 HTML 标记语言，欲进一步学习 HTML 标记语言，可以参考其他相关资料，推荐读者到 http：//www. itsway. net/html/htmlindex. aspx 学习。

习　题

一、选择题

1. HTML 页面中，能输入空格符号的是（　　）。

    A.   B. <   C. ©   D. "

2. HTML 页面中，能设定标题居中对齐的是（　　）。

    A.〈h2 align＝left〉〈/h2〉   B.〈h2 align＝center 〉〈/h2〉

    C.〈h1 〉〈/h1〉   D.〈h2 align＝right〉〈/h2〉

3. HTML 页面中，能设定文字斜体的修饰标记是（　　）。

    A.〈s〉   B.〈sup〉   C.〈i〉   D.〈b〉

4. HTML 页面中，能设定文字下划线的修饰标记是（　　）。

    A.〈b〉   B.〈sup〉   C.〈i〉   D.〈u〉

5. HTML 页面中使用〈font〉标记，能设定文字字体类型的属性是（　　）。

    A. text   B. color   C. face   D. fontcolor

6. HTML 页面中，段落标记是（　　）。

    A.〈br〉   B.〈hr〉   C.〈pre〉   D.〈p〉〈/p〉

二、简答题

1.〈hn〉标记中 n 的取值范围是多少？

2. 如何在〈font〉标记设置文字字体？

3. 有序列表中其列表标记和列表项是什么？如何设置序列的类型？

4. 水平线标记是什么，其属性有哪些？

5. 如何将网页中的"奥运"文字替换为"北京奥运 2008"？

第4章 利用图像美化网页

学习目标：

1）了解网页中常用的图像格式。

2）掌握在网页中使用图像的方法。

4.1 案例——影片《南极大冒险》剧情介绍网页

网页有了图像才会显得生动。在网页中加入精美的图片，不仅可以使页面更加美观，同时也可以传递更加准确和丰富的信息。

4.1.1 案例介绍

本案例是电影《南极大冒险》的剧情介绍和影评网页，实例效果如4-1所示。

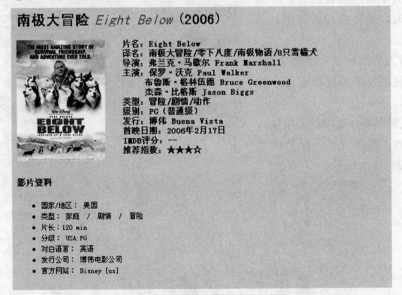

图4-1 影片《南极大冒险》剧情介绍网页实例效果图

4.1.2 案例分析

本案例是一个典型的图文混排网页实例，用到的知识点主要有插入图像、设置图像属性等以及利用文字和图像实现图文混排的页面布局效果等。

4.1.3 案例实现

1）创建一个新网页，将其保存为"tuwenhunpai.html"。

2）在网页中，输入标题，设置文本的大小及字体。为了美观，可以将文字设置为彩色，改变字形，如图4-2所示。

图4-2 "属性"面板及标题字的设置

3）选择"插入"工具栏的"常用"工具栏项，单击【图像】按钮旁的黑色三角图标，在下拉菜单中选择【图像】命令，在网页中插入图片，如图4-3所示。

图4-3 "常用"选项卡中的【图像】按钮

4）在页面中插入已选好的图片，将右面的文字排列整齐，设置相应的属性，效果如图4-4所示。

5）在对应位置插入相应的文本或图片，为文本做出项目列表，给图片添加上边框，美化图片，如图4-5所示。

6）为插入的图片设置图像属性，加上边框，使图片效果更加醒目，如图4-6所示。

7）将电影剧情介绍中的文字输入并且设置属性，制作完毕，保存网页文件。最后设计页面如图4-7所示。

图4-4 利用图像的对齐方式来实现图文页面的左右排版

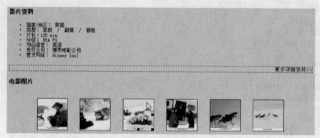

图4-5 在页面上对插入的文字和图片进行编辑

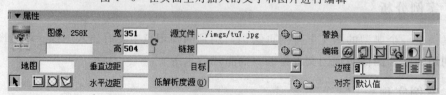

图4-6 图像属性面板

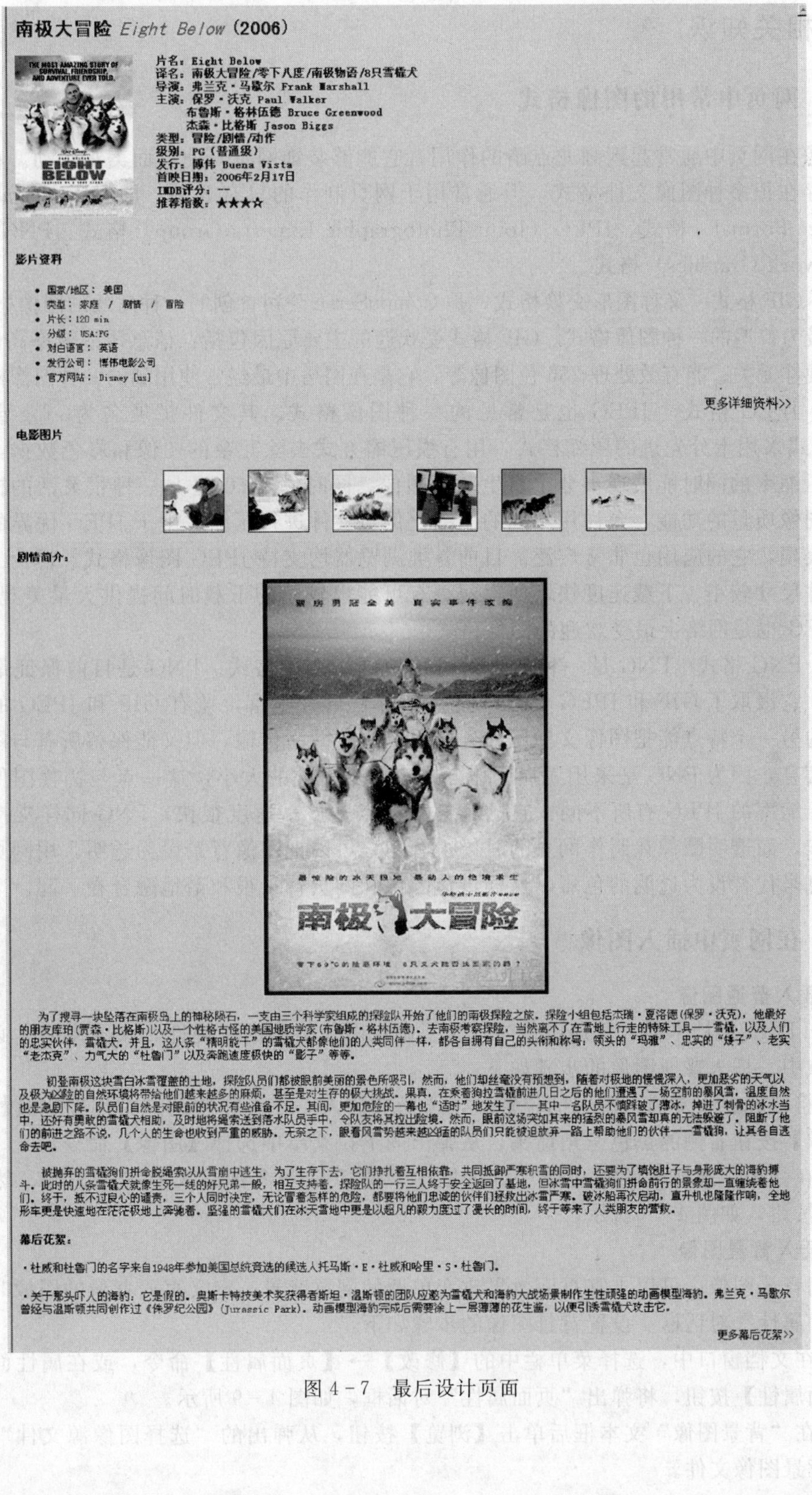

南极大冒险 *Eight Below*（2006）

片名：Eight Below
译名：南极大冒险/零下八度/南极物语/8只雪橇犬
导演：弗兰克·马歇尔 Frank Marshall
主演：保罗·沃克 Paul Walker
　　布鲁斯·格林伍德 Bruce Greenwood
　　杰森·比格斯 Jason Biggs
类型：冒险/剧情/动作
级别：PG（普通级）
发行：博伟 Buena Vista
首映日期：2006年2月17日
IMDB评分：--
推荐指数：★★★☆

影片资料

- 国家/地区： 美国
- 类型： 家庭 / 剧情 / 冒险
- 片长：120 min
- 分级： USA:PG
- 对白语言： 英语
- 发行公司： 博伟电影公司
- 官方网站： Disney [us]

更多详细资料>>

电影图片

剧情简介：

为了搜寻一块坠落在南极岛上的神秘陨石，一支由三个科学家组成的探险队开始了他们的南极探险之旅。探险小组包括杰瑞·夏洛德(保罗·沃克)，他最好的朋友库珀(贾森·比格斯)以及一个性格古怪的美国地质学家(布鲁斯·格林伍德)。去南极考察探险，当然离不了在雪地上行走的特殊工具——雪橇，以及人们的忠实伙伴，雪橇犬。并且，这八条“精明能干”的雪橇犬都像他们的人类同伴一样，都各自拥有自己的头衔和称号：领头的“玛雅”、忠实的“矮子”、老实“老杰克”、力气大的“杜鲁门”以及奔跑速度极快的“影子”等等。

初登南极这块雪白冰雪覆盖的土地，探险队员们都被眼前美丽的景色所吸引，然而，他们却丝毫没有预想到，随着对极地的慢慢深入，更加恶劣的天气以及极为凶险的自然环境将带给他们越来越多的麻烦，甚至是对生存的极大挑战。果真，在乘着狗拉雪橇前进几日之后的他们遭遇了一场空前的暴风雪，温度自然也是急剧下降。队员们自然是对眼前的状况有些准备不足。其间，更加危险的一幕也“适时”地发生了——其中一名队员不慎踩破了薄冰，掉进了刺骨的冰水当中，还好有勇敢的雪橇犬相助，及时地将绳索送到落水队员手中，令队友将其拉出险境。然而，眼前这场突如其来的猛烈的暴风雪却真的无法躲避了。阻断了他们的前进之路不说，几个人的生命也收到严重的威胁。无奈之下，眼看风雪势越来越凶猛的队员们只能被迫放弃一路上帮助他们的伙伴——雪橇狗，让其各自逃命去吧。

被抛弃的雪橇狗们拼命脱绳索以从雪崩中逃生，为了生存下去，它们挣扎着互相依靠，共同抵御严寒积雪的同时，还要为了填饱肚子与身形庞大的海豹搏斗。此时的八条雪橇犬就像生死一线的好兄弟一般，相互支持着。探险队的一行三人终于安全返回了基地，但冰雪中雪橇狗们拼命前行的景象却一直缠绕着他们。终于，抵不过良心的谴责，三个人同时决定，无论冒着怎样的危险，都要将他们忠诚的伙伴们拯救出冰雪严寒。破冰船再次启动，直升机也隆隆作响，全地形车更是快速地在茫茫极地上奔驰着。坚强的雪橇犬们在冰天雪地中更是以超凡的毅力度过了漫长的时间，终于等来了人类朋友的营救。

幕后花絮：

·杜威和杜鲁门的名字来自1948年参加美国总统竞选的候选人托马斯·E·杜威和哈里·S·杜鲁门。

·关于那头吓人的海豹：它是假的。奥斯卡特技美术奖获得者斯坦·温斯顿的团队应邀为雪橇犬和海豹大战场景制作生性顽强的动画模型海豹。弗兰克·马歇尔曾经与温斯顿共同创作过《侏罗纪公园》(Jurassic Park)。动画模型海豹完成后需要涂上一层薄薄的花生酱，以便引诱雪橇犬攻击它。

更多幕后花絮>>

图 4-7　最后设计页面

4.2 相关知识

4.2.1 网页中常用的图像格式

图像在网页中通常起到画龙点睛的作用，它能够装饰网页，使页面美观生动。在计算机中虽然存在很多种图像文件格式，但通常用于网页制作的只有 3 种，即 GIF（Graphics Interchange Format）格式、JPEG（Joint Photographic Experts Group）格式、PNG（Portable Network Graphics）格式。

（1）GIF 格式　又称图形交换格式，是 CompuServe 公司首创的一种高效的图像格式标准，是使用最为普遍的一种图像格式。GIF 格式受欢迎的主要原因包括：信息压缩效率高；与具体软件和硬件无关；能有效处理 256 色图像等。它是在网络中最经常使用到的一种图像格式。

（2）JPEG 格式　JPEG 也是常见的一种图像格式，其文件扩展名为 .jpg 或 .jpeg。JEPG 格式采用十分先进的压缩格式，用有损压缩方式去除冗余的图像和彩色数据，获取得极高的压缩率的同时能展现十分丰富生动的图像。同时，JPEG 还是一种很灵活的格式，具有调节图像质量的功能，允许用不同的压缩比例对文件进行压缩。由于 JPEG 优异的品质和杰出的表现，它的应用也非常广泛。目前各类浏览器均支持 JPEG 图像格式。因为 JPEG 格式的文件尺寸较小、下载速度快，使得网页有可能以较短的下载时间提供大量美观的图像，因此 JPEG 也是网络上最受欢迎的图像格式。

（3）PNG 格式　PNG 是一种新兴的可移植网络图像格式。PNG 是目前保证最不失真的格式，它汲取了 GIF 和 JPEG 二者的优点，存贮形式丰富，兼有 GIF 和 JPEG 的色彩模式；它的另一个特点能把图像文件压缩到极限以利于网络传输，但又能保留所有与图像品质有关的信息，因为 PNG 是采用无损压缩方式来减少文件的大小，这一点与牺牲图像品质以换取高压缩率的 JPEG 有所不同；它的第三个特点是显示速度很快。PNG 同样支持透明图像的制作，而透明图像在制作网页的时候很有用，可以把图像背景设为透明，用网页本身的颜色信息来代替设为透明的色彩，这样可让图像和网页背景很和谐地融合在一起。

4.2.2 在网页中插入图像

1. 插入普通图像

在 HTML 文档中插入普通图像时，为了确保图像引用的正确性，该图像文件必须位于当前站点中。插入普通图像的步骤如下：

1）将鼠标置于要插入图像的位置后，选择"插入"工具栏中的"常用"工具栏项，单击【图像】按钮右侧的黑色三角箭头，从弹出的下拉菜单中选择【图像】命令。

2）在弹出"选择图像源文件"对话框中，选择一个将要插入的图像文件，然后单击【确定】按钮，如图 4-8 所示。

2. 插入背景图像

使用背景图像，可以丰富页面效果改变单调的网页背景。定义页面背景的图像时，要使用"页面属性"对话框。设置背景图像的步骤如下：

1）在文档窗口中，选择菜单栏中的【修改】→【页面属性】命令，或在属性面板中单击【页面属性】按钮，将弹出"页面属性"对话框，如图 4-9 所示。

2）在"背景图像"文本框后单击【浏览】按钮，从弹出的"选择图像源文件"对话框中选择背景图像文件。

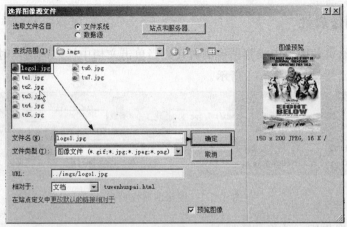

图 4 - 8　"选择图像源文件"对话框

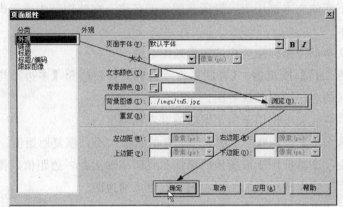

图 4 - 9　"页面属性"对话框

3）单击【确定】按钮，文档中就添加上了背景图像。如图 4 - 10 所示为添加背景图像的效果。

图 4 - 10　设置背景图像

4.2.3　设置图像属性

可以在图像的属性面板中设置图像的属性，当单击文档中插入的图像时，在属性面板上将反映该图像的属性，如图 4-11 所示。

图 4-11　图像的属性面板

图像的属性面板中，各项功能如下：

1）"图像"下面的文本框用于设置所选图像的名称，在使用行为或者脚本撰写语言时可以引用该图像。

2）"地图"文本框用来标注客户端图像地图名称。

3）【矩形热点工具】按钮□、【椭圆形特点工具】按钮○和【多边形热点工具】按钮☑用来创建不同形状的客户端图像映射图。

4）"宽"和"高"文本框用于指定图像的宽度和高度。

5）【重设图像大小】按钮⟳用于清除已设置的图像大小，恢复原始值。

6）"垂直边距"文本框用于沿图像的顶部和底部添加边距，边距值以像素为单位。

7）"水平边距"文本框用于沿图像左侧和右侧添加边距。

8）"源文件"文本框用于指定图像的源文件，可以在文本框中直接输入路径，也可以单击【文件夹】按钮▢浏览源文件。

9）"链接"文本框用于指定图像所链接的文件路径或网址。

10）"目标"文本框用于指定链接的页面应当在其中载入的框架或窗口，以下拉列表的形式出现，当图像未添加链接时，此选项不可用。

11）"低解析度源"文本框用于指定链接的页面应当在其中载入的框架或窗口，以下拉列表的形式出现，当图像未添加链接时，此选项不可用。

12）"替换"文本框用于指定只显示文本的浏览器或已设置为手动下载图像的浏览器中替代图像所显示的文本。在某些浏览器中，当鼠标指针滑过图像时也会显示该文本。

13）【编辑】按钮⊘用于启动图像编辑程序，编辑选中的图像。

14）【使用 Fireworks 最优化】按钮▣用于更改选中图像的优化设置。

15）【裁剪】按钮▣用于修剪图像的大小，删除图像中不需要的区域。

16）【重新取样】按钮▣用于调整重新取样的图像的大小，提高图片的品质。

17）【亮度和对比度】按钮◑用于调整图像的亮度和对比度设置。

18）【锐化】按钮△用于调整图像的清晰度。

19）"边框"文本框用于指定以像素为单位的图像边框的宽度，默认情况下为无边框。

20)【左对齐】按钮▤、【居中对齐】按钮▤、【右对齐】按钮▤用于设置段落的对齐方式。

21)"对齐"下拉列表框中的选项用于对齐同一行上的图像和文本。图像的对齐方式多达 9 种,如图 4-12 所示。

图 4-12 图像对齐选项

默认值:基线对齐方式。

基线:将文本或同一段落中的其他元素的基线与选定对象的底部对齐。

顶端:将图像的顶端与当前行中最高项元素的顶端对齐。

居中:将图像的中部与当前行的基线对齐。

底部:将文本的基线与选定图像或是同一段落中的其他元素的底部对齐。

文本上方:将图像的顶端与文本行中最高字符的顶端对齐。

绝对居中:将图像的中部与当前行中文本的中部对齐。

绝对底部:将图像的底部与文本行的底部对齐。

左对齐:所选图像在左边,文本在图像的右侧。

右对齐:所选图像在右边,文本在图像的左侧。

4.2.4 插入其他图像元素

1. 插入图像占位符

图像占位符是准备将图像添加到网页之前使用的图形。在发布站点前,使用适合网页的图像文件替换原有的图像占位符。插入图像占位符步骤如下:

1)在文档窗口中,将鼠标定位在选定位置后,单击【插入】工具栏的【常用】面板中的【图像】按钮右边的箭头,选择【图像占位符】命令,弹出如图 4-13 所示的"图像占位符"对话框。

2)在"图像占位符"对话框中设置大小和颜色,指定文本标签后单击【确定】按钮,效果如图 4-14 所示。

图 4-13 "图像占位符"对话框

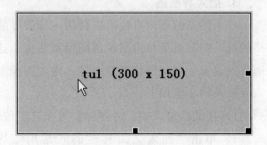

图 4-14 图像占位符示例

2. 插入鼠标经过图像

鼠标经过图像是一种在浏览器中查看网页时,鼠标指针滑过时发生变化的图像。本例是由主图像和次图像两幅图像组成,在制作时所选择的图像最好大小相同,否则将自动调整第二张的图像的属性与第一张图像相同。插入鼠标经过图像的步骤如下：

1）在文档窗口中，将鼠标定位在选定位置。

2）单击"插入"工具栏的"常用"选项卡中的【图像】按钮右边的箭头，选择【鼠标经过图像】命令，或者选择菜单栏中的【插入】→【图像对象】→【鼠标经过图像】命令，弹出如图 4-15 所示的"插入鼠标经过图像"对话框。设置好各项参数后，单击【确定】按钮即可。

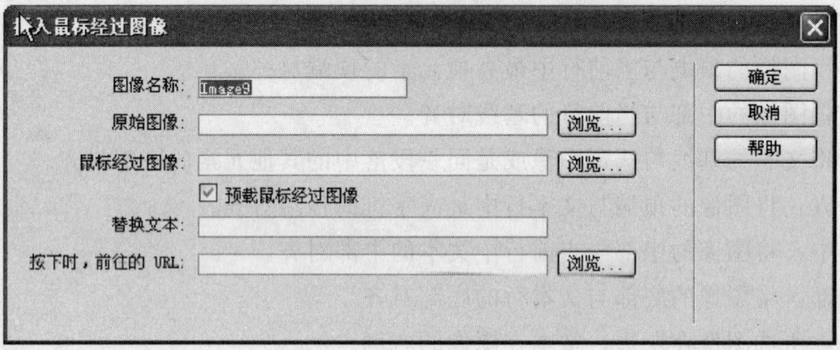

图 4-15　"插入鼠标经过图像"对话框

对话框中各项功能如下：

图像名称：输入鼠标经过的图像名称。

原始图像：指定载入页面时显示出的第一张图像即主图像。单击右侧的【浏览】按钮即可选择。

鼠标经过图像：指定在鼠标滑过原始图像时显示的图像即次图像。

预载鼠标经过图像：将图像预先载入浏览器的缓存中，防止在鼠标指针滑过图像时产生的延迟现象。

替换文本：当用户使用只显示文本的浏览器时，可以看到所描述的文本。

按下时，前往的 URL：指定当按下鼠标左键，经过图像时所要打开的文件。

3. 插入导航条

一个网站的不同页面可以使用一样的导航条，通过统一导航条的方法，可以实现网站风格的统一。导航条是由图像或图像组组成，这些图像的显示内容随鼠标状态的变化而变化。通常只设置一到两种状态的图像，因为图像太多会影响到网页页面的访问、浏览的速度。插入导航条的步骤如下：

1）在文档窗口中，将光标放置在选定位置。

2）单击"插入"工具栏的"常用"选项卡中的【图像】按钮右边的箭头，选择【导航条】命令，或者选择菜单栏中的【插入】→【图像对象】→【导航条】命令，弹出如图 4-16 所示的"插入导航条"对话框。设置好各项参数后，单击【确定】按钮即可。

对话框中各项功能如下：

项目名称：输入导航条的名称。

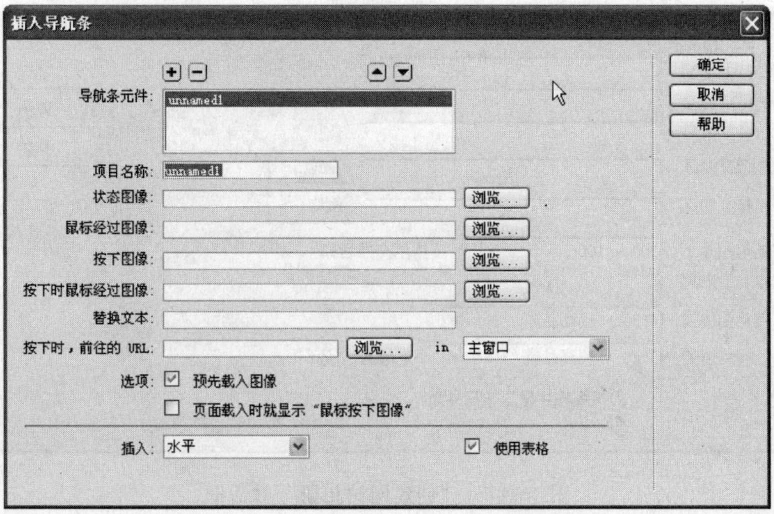

图 4-16 "插入导航条"对话框

状态图像：指定载入页面时显示出的第一张图像，即初始图像。单击右侧的【浏览】按钮，即可选择。

鼠标经过图像：当鼠标移动到导航条部位上时显示的另一图像。

按下图像：设置当鼠标单击后的初始图像。

按下时鼠标经过图像：设置当鼠标单击后再次移动到这个部位上的图像。

替换文本：当用户使用只显示文本的浏览器时，可以看到所描述的文本。

按下时，前往的 URL：指定当按下鼠标左键，经过图像时所要打开的文件。

预先载入图像：将图片预先载入浏览器的高速缓冲存储器文件中，防止下载图片延时。

单击顶部的【＋】按钮，可以为导航条元件添加一个新的项；单击【－】按钮，可以删除在中间的选框里选中的那个导航条元件项；单击向上或向下的箭头按钮，可以对导航条元件添加的项进行排序。

4. 创建网页相册

在 Dreamweaver 中应用【创建网页相册】命令可以快速创建一个相册站点。这一命令通过 Javascript 调用 Fireworks 处理选中文件夹下的一系列图像，创建缩略图和大图，并自动完成缩略图与大图的链接。使用创建网页相册，必须在系统中安装有Dreamweaver 和 Fireworks。创建网页相册步骤如下：

1）在文档窗口中，将鼠标定位在选定位置。

2）选择菜单栏中的【命令】→【创建网站相册】命令，弹出如图 4-17 所示的"创建网站相册"对话框。设置好各项参数后，单击【确定】按钮即可。

对话框中各项功能如下：

相册标题：设置相册本的名称。

副标信息：对相册进行概括性的信息设置。

其他信息：对相册进行概括性的信息设置。

源图像文件夹：指原来所要使用的图片所存放的文件夹。

目标文件夹：将相册图片放置的文件夹。

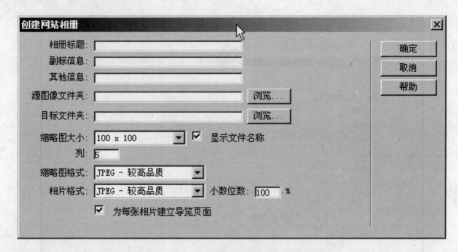

图 4 - 17 "创建网站相册"对话框

缩略图大小：指相册首页中出现的图像的缩略尺寸。

3）保存并预览，效果如图 4 - 18 所示。

图 4 - 18 预览中的相册首页

4.2.5 图像的 HTML 标记

在网页中插入图片用单标签〈img〉，当浏览器读取到〈img〉标签时，就会显示此标签所设定的图像。如果要对插入的图片进行修饰时，仅仅用这一个属性是不够的，还要配合其他属性来完成。

1）插入普通图像，语法格式如下：

〈img src＝"url"〉

其中，"img"是图像的标签，"src"是插入的图像的 URL 地址，也就是含路径的图像文件名。

2）插入背景图像，语法格式如下：

〈body background＝"url"〉

3）编辑插入图像，语法格式如下：

〈img src＝"url" align＝"?" hspace＝"px" vspace＝"px"〉

"align" 指图像和文字之间的排列属性，可以是 "left" 或 "right" 或 "center"；"hspace" 是水平间距，"vspace" 是垂直间距，单位是像素。

〈img src＝"url" width＝"px" height＝"px"〉

"width" 是宽度，通常只设为图片的真实大小以免失真，改变图片大小最好用图像工具。"height" 是高度。

〈img src＝"url" border＝"px"〉

"border" 是指图片的边框宽度，单位为像素。

习　题

一、填空题

1. 网页中支持的图像格式一般有＿＿＿＿＿＿、＿＿＿＿＿＿和＿＿＿＿＿＿三种。

2. 设置图像的＿＿＿＿＿＿和＿＿＿＿＿＿属性可以调整图像的间距。

3. ＿＿＿＿＿＿功能要和 Fireworks 一起使用才可以，所以在使用该功能前，系统必须安装 Fireworks 软件。

4. Web 中使用的最多的图片格式有三种，采用压缩的图片格式是＿＿＿＿＿＿和＿＿＿＿＿＿。

二、上机操作

1. 制作一个图文混排的页面，将鼠标经过图像发生变化在其中的图像中显现出来。

2. 自己创建一个相册。

第 5 章　创建网页链接

学习目标：

1) 了解网页链接的基本概念和作用。
2) 了解创建网页链接的各目标参数的意义。
3) 掌握超级链接、E-mail 链接、锚记链接等不同形式链接的创建和使用方法。
4) 掌握网页导航条的制作方法。

5.1　案例——我的个人 Blog

如今越来越多的人都在网上建立了自己的 Blog（网络日志）。Blog 是继 E-mail、BBS、MSN 之后出现的一种新型网络交流方式，是网络时代的个人"读者文摘"，是以超级链接为武器的网络日志，它代表着新的生活方式和新的工作方式，更代表着新的学习方式。

5.1.1　案例介绍

本案例介绍一个简单的个人 Blog 首页的制作过程，效果如图 5-1 所示。

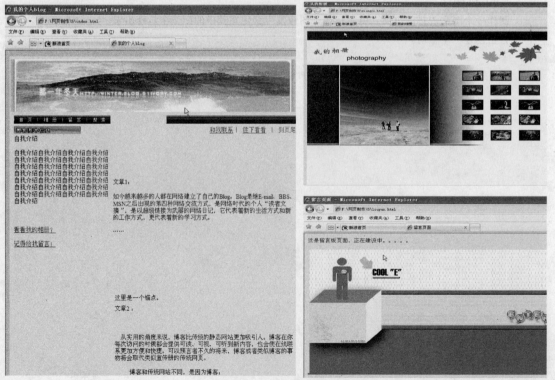

图 5-1　案例效果图

5.1.2 案例分析

本案例看上去比较复杂，是一个典型的图文混排的实例。本章则侧重介绍其中关于编织网页链接的相关知识点，包括利用超级链接来实现通过主页访问该站点的其他页面，利用文字链接、图片链接、锚记链接、E-mail链接、面向外部站点的链接及导航栏等功能来将一个个独立的页面联系起来，使其初具站点规模。

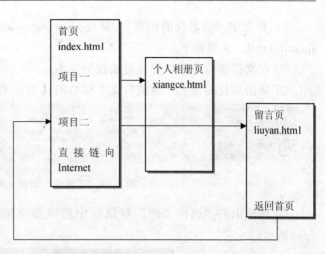

图 5-2 实例——我的个人 Blog 结构示意

本案例共由 3 个页面构成，分别是首页（index.html）、个人相册页（xiangce.html）、留言页（liuyan.html），其结构如图 5-2 所示。

5.1.3 案例实现

1）使用 Dreamweaver CS3 打开 index.html 页面，可以看到已经设计好图文但尚未添加链接的页面，如图 5-3 所示。

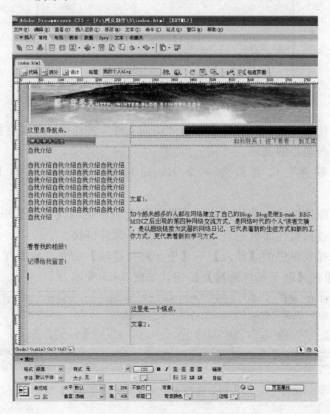

图 5-3 待链接页面

2）将文字"看看我的相册？"链接至 xiangce. html；将文字"记得给我留言！"链接至 liuyan. html。步骤如下：

① 在文档窗口中选中要设置链接的文本。

② 单击属性面板上"链接"文本框后的【浏览文件】按钮，如图 5-4 所示。

图 5-4 "属性"面板上的【链接】

③ 在弹出的"选择文件"对话框中选择要连接到的文件，单击【确定】按钮，如图 5-5所示。

图 5-5 "选择文件"对话框

当然，也可以使用"链接"文本框后的"指向文件"按钮，利用直接拖动的方法在文件面板上将链接指向需要的文件。

3）在"和我联系"位置添加一个 E-mail 链接，指向自己的 E-mail 地址，如：student@126. com。

添加一个电子邮件链接有两种方法，一种是通过菜单栏的【插入】→【电子邮件链接】命令；另一种是通过在属性面板上直接创建一个电子邮件链接。

方法1：① 选择菜单栏的【插入】→【电子邮件链接】命令，或者在"插入"工具栏的"常用"选项卡中单击【电子邮件链接】按钮，如图 5-6 所示。

图 5-6 "常用"选项卡中的【电子邮件链接】按钮

② 弹出的"电子邮件链接"对话框的文本栏中显示网页文档中出现的文本；在"E-mail"

栏中输入电子邮件将要发送到的地址，如图 5-7 所示。

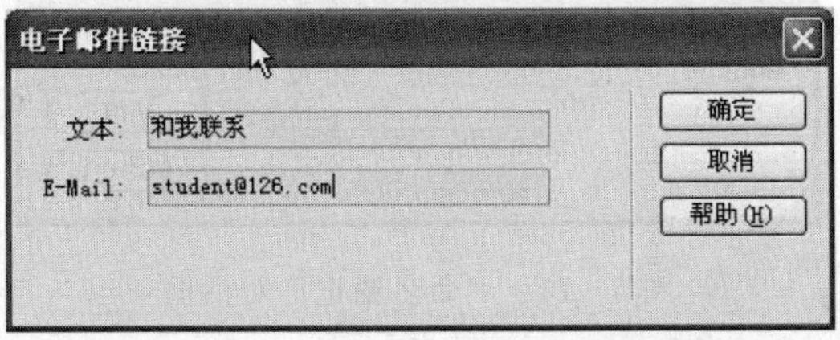

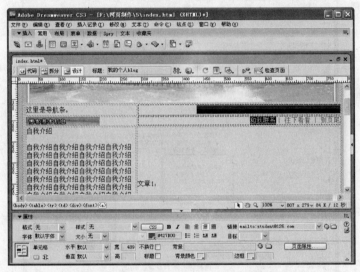

图 5-7　输入电子邮件链接地址

　　方法 2：在文档窗口中选中要添加链接的文字，在属性面板的"链接"文本框中直接输入"mailto："和电子邮件的地址，如输入"mailto：student@126.com"，如图 5-8所示。

图 5-8　直接创建电子邮件链接

　　4）在"这里是一个锚点"位置插入一个命名锚记，并在"往下看看"位置添加一个锚记链接。

　　① 在文档窗口中选择要创建锚记的位置，然后单击"插入"工具栏"常用"选项卡上的【命名锚记】按钮，如图 5-9 所示。

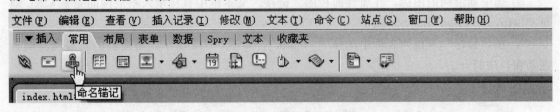

图 5-9　创建【命名锚记】

　　② 在弹出的"命名锚记"对话框中填入创建的锚记的名称，如"001"，如图 5-10 所示。可以看到，文档中的相应位置出现了一个锚点标记。如果看不到锚点的标记，可以选择菜单栏中的【查看】→【可视化助理】→【不可见元素】命令。

图 5-10　"命名锚记"对话框

③ 在"文档"窗口选择要创建锚记链接的文本"往下看看"，并在属性面板中的"链接"文本框中输入要链接到的文件名加#号加锚记名称，如"index.html#001"。当锚记链接在同一文件时，也可以省略文件名，直接输入"#001"，如图 5-11 所示。

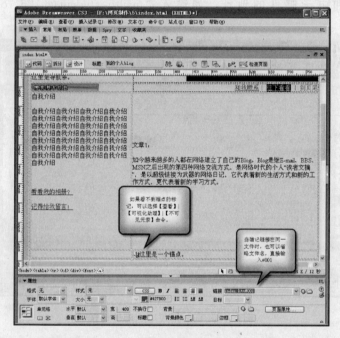

图 5-11　创建锚记链接

5）将新浪网的图标链接到新浪网（http：//www.sina.com.cn）。图片和文字一样，也可以作为超级链接的载体。步骤如下：

① 选中新浪网的图标，在属性面板的"链接"文本框中直接填入新浪网的完整 URL 地址"http：//www.sina.com.cn"。

② 在"目标"下拉列表框中选择"_blank"，如图 5-12 所示。链接到的新浪网页面将在新窗口中打开。

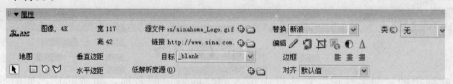

图 5-12　创建【命名锚记】

6）为网页添加导航条。导航条由一个图像或一组图像组成，这些图像的显示内容随用户动作而变化。导航条的功能是为首页和其他页面文件之间提供链接。

① 假设已经在 image 文件夹中准备好了创建导航条所需的图片，只需要选择要添加导航条的位置。选择菜单栏中的【插入记录】→【图像对象】→【导航条】命令。

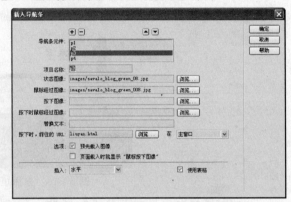

② 在弹出的"插入导航条"对话框中，单击【浏览】按钮，填入导航条元件的状态图像、鼠标经过图像以及按下时前往的 URL 即可，单击【＋】按钮可以添加下一个导航条元件，以此类推，如图 5-13 所示。添加完成后单击【确定】按钮，即可看到在页面上出现了导航条，如图 5-14 所示。

7）保存好网页，并在浏览器中预览测试每一种链接的功能。

8）在留言板页面上设置链接返回首页。这是一个图像热点链接，对于 liuyan. html 页面，选择图像上显示"ENTER"的位置添加一个链接，链接指向 index. html。

图 5-13　"插入导航条"对话框

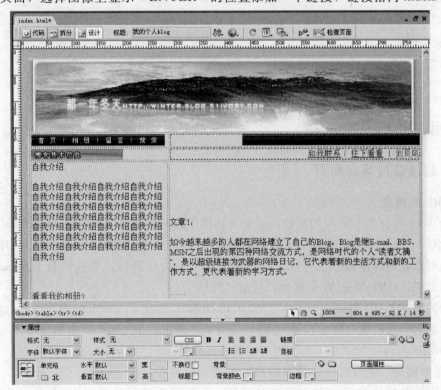

图 5-14　在文档中生成了导航条

① 打开 liuyan. html，选中图片，在属性面板中单击【矩形热点工具】按钮，如图 5-15 所示。

② 选择图片上含有"ENTER"字样的部分，如图 5-16 显示。

图 5-15　【矩形热点工具】按钮

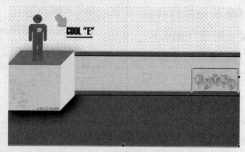

图 5-16　选择矩形热点区域

③ 此时属性面板显示"热点"属性，在"链接"对话框中输入链接地址即可，如图 5-17 所示。

9）保存好全部网页，并在浏览器中预览测试全部功能。

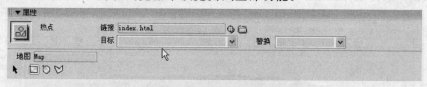

图 5-17　热点区域链接

5.2　相关知识

5.2.1　超级链接基础知识

1. URL 的概念

每个 Web 页面都有唯一的地址，这个地址称作统一资源定位符（Uniform Resource Locator，URL）。Internet 上的每一个网页都具有一个唯一的名称标识，通常称为 URL 地址。这种地址可以是本地磁盘，也可以是局域网上的某一台计算机，更多的是 Internet 上的站点。简单地说，URL 就是 Web 地址，俗称"网址"。

一个完整的 URL 形如"http：//www.microsoft.com/zh/cn/default.aspx"，它由协议类型、主机名（有时也包括端口号）、路径等组成，表示一个 Internet 上的地址。

在 Dreamweaver CS3 中，有三种类型的链接路径：

1）绝对路径。绝对路径就是指带有域名的完整路径，以"http：//"开头，上例中链接到新浪网的超级链接就是使用了绝对路径，也就是新浪网的完整 URL 地址（http：//www.sina.com.cn）。对于本地计算机来说，必须使用绝对路径，才能链接到其他服务器上的文档（即从一个网站的网页链接到另一个网站的网页）。

2）文档相对路径。在网页中相对路径一般表示的是其他文档相对于当前文档所处的位置，适用于同一站点内网页之间的链接。

如果源端点与目标端点位于同一目录下，则在链接路径中只需指明目标端点的文档名就可以了，如图 5 - 18 所示；如果源端点与目标端点不位于同一目录下，则在链接路径中只需把目录的相对位置关系表达出来就可以了。如果链接指向的文档位于当前目录的子级目录中，可以直接输入目录名和文档名（如 images \ 003. jpg）；否则，用 ".." 表示当前目录的上一级目录（如 .. \ images \ 024. jpg）。

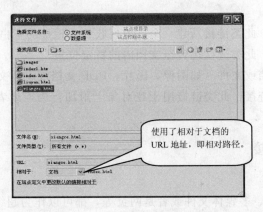

图 5 - 18 文档相对路径

3）站点根目录相对路径。这里的相对路径是相对与站点根目录的，在这种路径表达方式中，所有的路径都是从根目录开始的，与源端点的位置无关。通常用一个 "/" 表示根目录，所有基于根目录的路径都从斜线开始，如图 5 - 19 所示。

综上所述，使用 Dreamweaver CS3，可以方便地选择要为链接创建的文档路径的类型。当要创建一个链接的时候，大都是单击属性面板上 "链接" 对话框的【浏览】按钮，选择正确的链接位置，而不是直接键入一个路径，因为与键入路径相比，使用【浏览】命令指定链接能确保输入的路径始终正确。

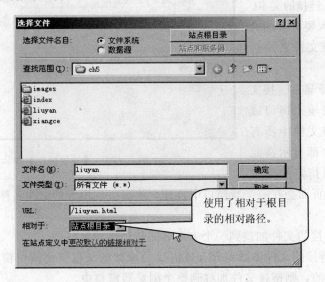

图 5 - 19 站点根目录相对路径

2. 超级链接的类型

通过前面的实例可以看到，在 Dreamweaver CS3 中，可以以文本、图像、多媒体对象等创建超级链接。在一个文档中，可以创建以下几种类型的链接：

1）内部链接：在同一个文档之间的链接。

2）外部链接：在不同网站文档之间的链接。如实例中从 index. html 页到 liuyan. html 页的链接等。

3）电子邮件链接：此类链接新建一个已填好收件人地址的空白电子邮件。

4）命名锚记链接：此类链接跳转至文档内的特定位置。

5）链接到其他文档或文件（如图像、影片、PDF 文档或声音文件）的链接。

6）空链接和脚本链接：此类链接用于在对象上附加行为，或者创建执行 JavaScript 代码的链接。

5.2.2 创建超级链接

1. 指向文件的链接

文字、图片、动画、多媒体文件或者是网页等，都可以作为超级链接的对象。创建这些链接的方法主要有两种，一种是直接从属性面板的"链接"对话框中设置，另一种是利用"插入"工具栏的"常用"选项卡中的【超级链接】按钮。第一种方法在前面的实例中已经讲解过了，现在介绍第二种方法。

将鼠标定位在需要添加超级链接的位置后，单击"插入"工具栏的"常用"选项卡中的【超级链接】按钮，弹出"超级链接"对话框。在相应位置输入相关信息后，单击【确定】按钮即可，如图 5－20 所示。

对话框中各个选项的功能如下：

1）文本：输入链接的文本。

2）链接：输入要链接的文件的名称，或单击文件夹图标以浏览到该文件。

3）目标：选择显示链接文档的框架或窗口或输入窗口或框架的名称。当前文档中所有已命名框架的名称都显示在此弹出列表中。如果指定的框架

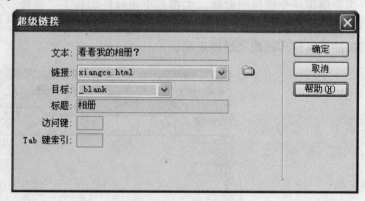

图 5－20 【超级链接】对话框

不存在，所链接的页面会在一个新窗口中打开，该窗口使用所指定的名称，也可选用下列保留目标名：

_ blank：将链接的文件加载到一个未命名的新浏览器窗口中。

_ parent：将链接的文件加载到含有该链接的框架的父框架集或父窗口中。如果包含链接的框架不是嵌套的，则链接文件加载到整个浏览器窗口中。

_ self：将链接的文件加载到该链接所在的同一框架或窗口中。此目标是默认的，所以通常不需要指定它。

_ top：将链接的文件加载到整个浏览器窗口中，因而会删除所有框架。

4）标题：输入链接的标题。

5）访问键：输入可用来在浏览器中选择该链接的等效键盘键（一个字母）。

6）Tab 键索引：输入 Tab 顺序的编号。

2. 电子邮件链接

在网页中可以创建电子邮件链接。当单击这个链接时，该链接将打开一个新的空白信息窗口（使用的是与用户浏览器相关联的邮件程序）。在电子邮件消息窗口中，"收件人"文本框自动更新为显示电子邮件链接中指定的地址。

添加一个电子邮件链接有两种方法，一种是通过菜单栏的【插入】→【电子邮件链接】命令，另一种是通过在属性面板上直接创建一个电子邮件链接。

方法 1：选择菜单栏的【插入】→【电子邮件链接】命令，或者在"插入"工具栏的"常用"选项卡中单击【电子邮件链接】按钮，在弹出的"电子邮件链接"对话框的"文本"栏中显示网页文档中出现的文本；在"E-mail"栏中输入电子邮件将要发送到的地址，单击【确定】按钮即可，如图 5-21 所示。

方法 2：在文档窗口中选中要添加链接的文字，然后在属性面板的"链接"文本框中直接输入"mailto:"和电子邮件的地址，如"mailto:student@126.com"。

注意：在冒号与电子邮件地址之间不能加入任何空格。

图 5-21　输入电子邮件链接地址

3. 命名锚记链接

通过创建命名锚记，可使页面链接到网页文档的特定部分。命名锚记实际上就是在文档中设置标记，这些标记通常放在文档的特定主题处或顶部。此后，可以创建到这些命名锚记的链接，这些链接可快速将链接指定位置。

创建到命名锚记的链接的过程分为两步。首先，创建命名锚记，然后创建到该命名锚记的链接。

创建命名锚记的步骤如下：

图 5-22　"命名锚记"对话框

1）在"文档"窗口的"设计"视图中，将插入点放在需要命名锚记的地方。

2）在菜单栏中选择【插入记录】→【命名锚记】命令；或者按下快捷键〈Ctrl〉+〈Alt〉+〈A〉；或者单击"插入"工具栏的"常用"选项卡上的【命名锚记】按钮 。

3）在"锚记名称"对话框中，键入锚记的名称，然后单击【确定】按钮（锚记名称不能包含空格），如图 5-22 所示。锚记标记将在插入点处出现。

如果看不到锚记标记，可选择菜单栏的【查看】→【可视化助理】→【不可见元素】命令。

链接到命名锚记的步骤如下：

1）在"文档"窗口选择要创建锚记链接的文本或图像。

2）在属性面板中的"链接"文本框中输入要链接到的文件名加 # 号加锚记名称，如

"index. html＃001"。当锚记链接在同一文件时，也可以省略文件名，直接输入"＃001"。

需要注意的是，锚记名称区分大小写。

4. 空链接和脚本链接

空链接是未指派的链接，用于向页面上的对象或文本附加行为。例如，可向空链接附加一个行为，以便在指针滑过该链接时会交换图像或显示绝对定位的元素。

脚本链接用于执行 JavaScript 代码或调用 JavaScript 函数。它非常有用，能够在不离开当前 Web 页面的情况下为访问者提供相关项的附加信息。脚本链接还可用于在访问者单击特定项时，执行计算、验证表单和完成其他处理任务。

创建空链接只需要在属性面板中的"链接"框中键入一个＃号即可。或者，在"链接"框中键入"javascript：；"（javascript 一词后依次接一个冒号和一个分号）。

而创建一个脚本链接，则是在"链接"框中键入"javascript："后跟一些 JavaScript 代码或一个函数调用（在冒号与代码或调用之间不能键入空格）。

5.2.3　管理链接

1. 使用地图视图管理链接

在 Dreamweaver CS3 中，可以使用站点地图来管理链接。可以通过在站点地图中添加、更改和删除链接来修改站点的结构，Dreamweaver CS3 将自动更新站点地图以显示对站点所做的更改。本章实例的站点地图如图 5 - 23 所示。需要注意的是，必须先创建站点，然后才可以在"文件"面板中，选择【站点视图】菜单中的【地图视图】命令。

1）更改链接。在站点地图中，选择包含要更改的目标链接的页面，单击鼠标右键然后从快捷菜单中选择【改变链接】命令。在弹出的对话框中浏览到新的目标文件或键入其 URL。最后单击【确定】按钮即可更改该链接。

2）删除链接。删除链接的操作只需在站点地图中选择页面，右键单击后从快捷菜单中选择【删除链接】命令即可。删除链接不会删除该文件，而是从指向新建未链接文件的页面上的 HT-ML 源代码中删除该链接。

3）打开链接源。在站点地图中选择一个文件，选择【站点】→【打开链接源】命令，或者右键单击，然后从快捷菜单中选择【打开链接源】命令，即可打开该文件的链接源。

执行此操作后，在"文档"窗口中打开属性检查器和含有此链接的源文件，同时该链接被突出显示。

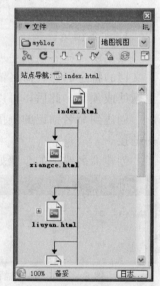

图 5 - 23　"文件"面板的地图视图

2. 在整个站点范围内更改链接

除了每次移动或重命名文件时让 Dreamweaver 自动更新链接外，还可以手动更改所有链接（包括电子邮件链接、FTP 链接、空链接和脚本链接），使它们指向其他位置。

此功能最适用于删除其他文件所链接到的某个文件，但也可以将它用于其他用途。例如，可能已经在整个站点内将"我的相册"这个词链接到"/5/xiangce. html"。而相册页面改为"xiangce2009. html"以后，则必须将这些链接更改为指向"/5/xiangce2009. html"。

更改整个站点范围内链接的操作如下：

1）在"文件"面板的"本地视图"中选择一个文件，如图 5-24 所示。

注意： 如果更改的是电子邮件链接、FTP 链接、空链接或脚本链接，则不需要选择文件。

图 5-24　"文件"面板的"本地视图"

2）选择【站点】菜单下的【更改整个站点链接】命令。

3）在"更改整个站点链接"对话框中添加要更换的链接，如图 5-25 所示。

图 5-25　"更改整个站点链接"对话框

更改所有的链接：单击文件夹图标，浏览并选择要取消其链接的目标文件。如果更改的是电子邮件链接、FTP 链接、空链接或脚本链接，则键入要更改的链接的完整文本。

变成新链接：单击文件夹图标，浏览并选择要链接到的新文件。如果更改的是电子邮件链接、FTP 链接、空链接或脚本链接，则键入替换链接的完整文本。

4）单击【确定】按钮即可。

需要注意的是，因为这些更改是在本地进行的，所以必须手动删除远程文件夹中的相应独立文件，然后保存链接已经更改的所有文件；否则，站点访问者将看不到这些更改。

5.2.4　链接的 HTML 标记

1. 链接标记

在 HTML 语言中，⟨a⟩ 称链接标记，⟨a⟩ 与 ⟨/a⟩ 标记内的文字、图片等可以成为一个链接。〈a〉的一般参数设定如下：

〈a href＝"链接目的地址" target＝"目标窗口的打开方式"〉链接对象〈/a〉

例如：〈a href＝"xiangce. html" target＝"_ blank"〉看看我的相册？〈/a〉

2. 命名锚记标记

语法格式如下：

〈a name＝"锚点 ID" id＝"锚点 ID"〉〈/a〉

其中，name 参数定义了一个命名锚记，它是链接的被接入点，作为被链接的位置，它不会被显示，这个参数不能与"href"参数同时使用。例如：〈a name＝"001" id＝"001"〉〈/a〉这里"001"是一个锚点。

3. 链接的 HTML 标记参数含义

（1）href 参数　前例中，href＝"xiangce. html"，这里 href 参数定义了一个链接的目的点为 xiangce. html，它不能与 name 参数同时使用。

当作为一个外部链接时，href 所设定的是该链接所要链到的目的文件名称，若该文件与此 HTML 文档不是同在一目录时需加上适当的路径，相对路径或绝对路径皆可。

当作为一个内部链接时，href 所设定的是该链接所要连到的同文件内锚点或指定文件的锚点，且不需要包括任何内容只要加上结束标记〈/a〉即可。href 参数用法及含义见表 5－1。

表 5－1　href 参数用法及含义

HTML 标记	含　义
〈a href＝"# there"〉〈/a〉	链接到本页面上的 there 锚点
〈a href＝"index. html # there"〉〈/a〉	链接到 index. html 页面上的 there 锚点
〈a href＝"http://www. 163. com/index. html # there"〉〈/a〉	链接到外部链接中的 there 锚点

（2）target 参数　target 参数相当于属性面板的"链接"文本框中的【目标】菜单的内容，用于选择显示链接文档的框架或窗口。可选值有四种，即_ blank、_ parent、_ self、_ top，其含义见表 5－2。

表 5－2　target 参数及含义

HTML 标记	含　义
target＝"_ blank"或 target＝"new"	在新的浏览器窗口中打开链接的文档，同时保持当前窗口不变
target＝"_ parent"	在显示链接的框架的父框架集中打开链接的文档，同时替换整个框架集
target＝"_ self"	在当前框架中打开链接，同时替换该框架中的内容（默认选项）
target＝"_ top"	在当前浏览器窗口中打开链接的文档，同时替换所有框架
target＝"框架名称"	这种情况只运用于框架网页中，若设定则链接结果将显示在"框架名称"的框窗中，框窗名称是事先由框架标记命名的

（3）name 参数　name 参数定义了一个命名锚记，它是链接的被接入点，作为被链接的位置，它不会被显示。这个参数不能与 href 参数同时使用。

习　题

一、填空题

1. URL 的含义是：_____。
2. 创建一个电子邮件链接时需要在属性面板中的"链接"对话框中填入_____。
3. 在属性面板中的"链接"文本框中【目标】菜单中的选项"_ top"表示_____。
4. 所谓的超链接是指从一个网页指向个一个目标的_____关系。
5. 站点中的_____视图可以方便查看整个站点的链接结构。

二、简答题

1. 简述可以制作超级链接的对象类型。
2. 简述链接对象的 target 参数的几种取值及其含义。

三、上机操作

制作两张网页，其中包含本章学习的所有超级链接类型，并可以相互链接。

第6章　利用表格排版页面

学习目标:

1) 掌握在网页中创建表格的方法及表格属性的设置。
2) 掌握表格的嵌套及单元格的操作和排序。
3) 学会用表格排版页面。

6.1 案例——个人主页中我最喜欢的动漫评选

6.1.1 案例介绍

本案例是在个人主页中插入一个"我最喜欢的动漫评选"内容,其中包含了插入表格、实现表格基本功能和利用表格来实现页面布局等几方面内容,实例效果如图6-1所示。

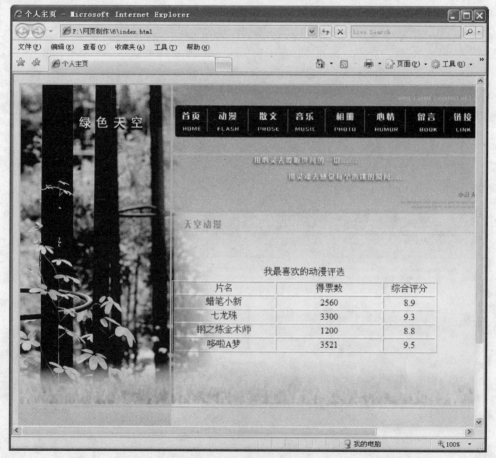

图6-1　网页实例效果图

6.1.2 案例分析

本案例是一个典型的表格应用实例，用到的主要知识点就是表格的各种操作。首先，利用表格实现页面布局，并且通过插入嵌套表格，列出相关的数据。仅仅使用文字和图片来布局页面往往不够精确，而利用表格来排版页面，则可以实现页面内容的准确定位，这也是实际网页设计制作中大量使用的设计方法。一般上网浏览的各种网页几乎都是以这样的方式实现布局的。

6.1.3 案例实现

1）创建一个新网页，将其保存为 index.html。

2）在"插入"工具栏的"常用"选项卡中，单击【表格】按钮，如图 6-2 所示。

图 6-2 "表格"按钮

3）在弹出的"表格"对话框中，输入表格的大小为 2 行 2 列，宽度为 750 像素，边框粗细为 0，代表不显示边框。页眉选择"无"，单击【确定】按钮即可插入表格，如图 6-3 所示。

图 6-3 "表格"对话框

4）最初插入的表格如图 6-4 所示。表格的宽度是固定的，而高度会随着表格中的内容而变化。选中表格后，在属性面板中可以设置表格的属性，这里，将背景颜色设为"#99FF66"。

5）在这个表格第一行第一列的单元格中插入素材图片 1.jpg，并通过鼠标调整单元格宽度到适当的位置，如图 6-5 所示。

6）由于需要在第一行第二列的单元格中添加多个内容，所以需要拆分单元格。将鼠标

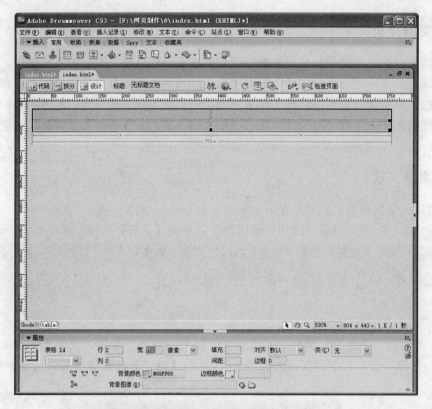

图 6-4 插入的表格

图 6-5 在单元格中插入图片

定位在此单元格中，右击鼠标，在快捷菜单中选择【表格】→【拆分单元格】命令，弹出"拆分单元格"对话框。选择把单元格拆分为行，行数为 3，单击【确定】按钮，如图 6-6 所示。

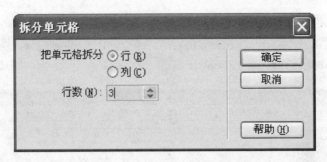

图 6－6 "拆分单元格"对话框

7）拆分后，右侧单元格被分成了三行，在第一行中插入图片 2.jpg，在第二行中插入图片 3.jpg，并用鼠标调整单元格大小。通常情况下，当需要精确的单元格的宽度高度时，就要在属性面板上输入单元格的宽度和高度。这里将上面单元格高度设置为 120，中间的单元格高度设置为 98，下面的单元格高度设置为 340，这些数值主要取决于插入的内容的实际高度。设置完成后的效果如图 6－7 所示。

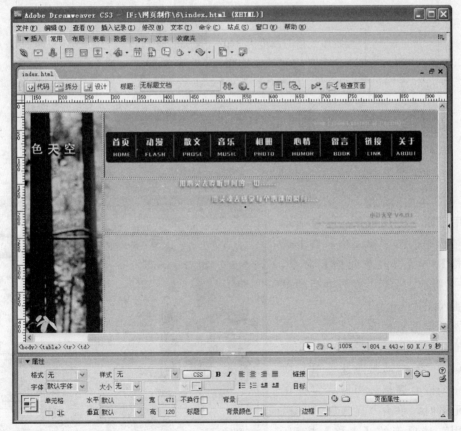

图 6－7 插入图片并设置单元格高度

需要注意的是，如果没有设置单元格的精确高度，在浏览器中预览的时候就会出现图像无法对齐的现象。

8）将下面的单元格的高度设置为 340 之后，为该单元格设置背景。选中此单元格，在属性面板中的"背景"文本框中定位到素材图片 4.jpg，如图 6 - 8 所示。

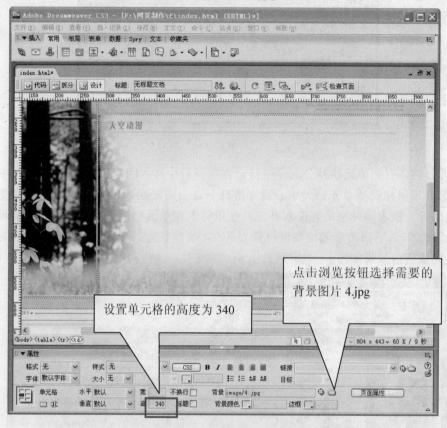

图 6 - 8　设置单元格背景

9）合并本表格最后一行的两个单元格，用于插入图片对象。通过拖动鼠标同时选中这两个单元格，右击选择【表格】→【合并单元格】命令，如图 6 - 9 所示。然后，在合并后的单元格中插入图片 5.jpg。

完成了全部页面布局之后，在浏览器中预览的效果如图 6 - 10 所示。

10）在"天空动漫"这一单元格中插入一个嵌套表格。当鼠标定位在这个单元格时，单击"插入"工具栏上"常用"选项卡的【表格】按钮，弹出"表格"对话框。设置表格为 5 行 3 列，表格宽度 500 像素，边框粗细为 1 像素，页眉选择为"无"，标题中输入"我最喜欢的动漫评选"，单击

图 6 - 9　合并单元格

【确定】按钮就可以在该单元格中添加一个嵌套表格，如图 6-11 所示。

图 6-10 页面布局完成后的效果　　　　　图 6-11 "表格"对话框

11）在嵌套表格中输入相应数据，并选择文字在单元格中的对齐模式为"居中对齐"，完成效果如图 6-12 所示。

图 6-12 嵌套表格完成后的效果

需要注意的是，在 Dreamweaver CS3 中，对于表格、单元格和单元格的内容都可以设置其对齐方式，在实际操作中要先选择正确的操作对象，然后再在属性面板中对其进行对齐方式的设置。背景、边框等选项亦是如此。

6.2 相关知识

6.2.1 插入表格

表格是用于在 HTML 页面上显示表格式数据以及对文本和图形进行布局的强有力的工

具。表格由一行或多行组成，每行又由一个或多个单元格组成。

Dreamweaver CS3 提供了两种查看和操作表格的方式："标准"模式（在该模式下，表格显示为行和列的网格）和"布局"模式（允许用户在将表格用作基础结构的同时在页面上绘制方框、调整方框的大小以及移动方框）。首先介绍在"标准"模式下的表格操作。

将鼠标定位在需要插入表格的位置，单击"插入"工具栏的"常用"选项卡中的【表格】按钮，或者直接从菜单栏选择【插入记录】→【表格】命令，弹出"表格"对话框，如图6-13所示。其各个参数的功能如下：

1）表格大小：用于设置表格的行数、列数、表格宽度、边框粗细、单元格边距、单元格间距 6 个参数。

① 表格宽度：可以选择使用两种单位来指定表格宽度。像素即直接指定表格宽度的像素数；而若以百分比为单位，则代表该表格占整个页面的百分比，可以随着页面的变化而变化。

② 边框粗细：设置一个以像素为单位的数字指定表格边框的粗细。如果设置为 0，则表示不显示表格边框。

③ 单元格边距：单元格内容与单元格边框之间的像素数。

④ 单元格间距：相邻的表格单元格之间的像素数。

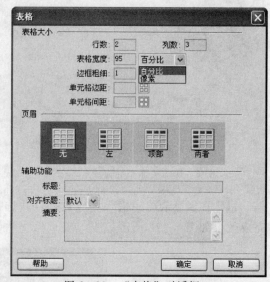

图6-13 "表格"对话框

2）页眉：设置表格是否包含行列标题。

① 无：对表格不启用列或行标题。

② 左：可以将表格的第一列作为标题列，以便可为表格中的每一行输入一个标题。

③ 顶部：可以将表格的第一行作为标题行，以便可为表格中的每一列输入一个标题。

④ 两者：在表格中列标题和行标题皆有。

3）辅助功能：指定该表格的标题等信息。

① 标题：提供一个显示在表格外的表格标题。

② 对齐标题：指定表格标题相对于表格的显示位置，包括默认、顶部、底部、左、右 5 个选项。

③ 摘要：给出该表格的说明。在页面编辑时可以读取摘要内容，但是该不会显示在用户的浏览器中。

6.2.2 编辑表格

1. 在表格单元中添加内容

（1）输入文字　在表格单元格中可以插入文字、图像和其他对象（如嵌套表格）等。单击任意一个单元格，即可在该单元格中输入文本。此时，单元格宽度会随着键入文本自动扩展。

（2）插入图像 单击需要插入图像的单元格，选择菜单栏中的【插入】→【图像】命令，或者单击"插入"工具栏的"常用"选项卡的【插入图像】按钮，再选择需要插入的图像即可。

（3）插入表格 在表格的单元格中可以插入一个表格，形成嵌套表格。先单击需要插入嵌套表格的单元格，插入方法和直接插入表格相同。

2. 操作单元格

在 Dreamweaver CS3 中，可以对表格中的任意单元格进行复制、剪切、粘贴、删除等操作，还可以根据需要来拆分及合并单元格。单元格的复制粘贴等操作类似于 Excel 电子表格的操作，在这里不再赘述。

（1）合并单元格 当需要合并表格中两个或者多个单元格时，首先选择连续行中形状为矩形的单元格，如图 6-14 所示，所选部分是矩形的单元格时，可以合并这些单元格。

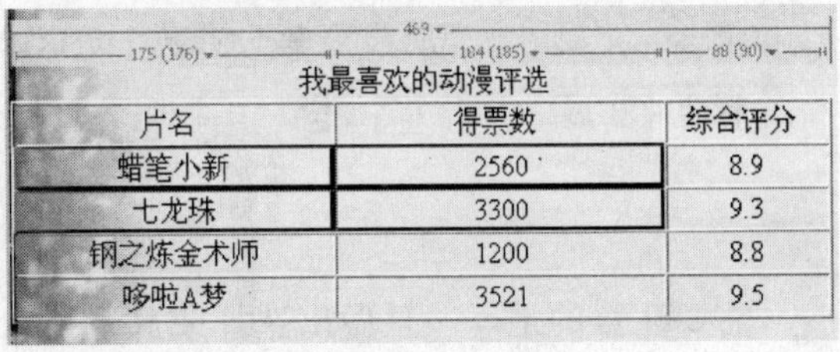

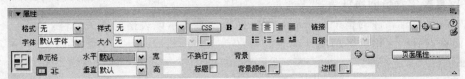

图 6-14 所选区域是矩形

选中需要合并的单元格后，执行下列操作之一：

① 选择菜单栏【修改】→【表格】→【合并单元格】命令。

② 在展开的属性面板中，单击【合并单元格】按钮，如图 6-15 所示。

![图 6-15 属性面板]

图 6-15 【合并单元格】按钮

注意：如果没有看到此按钮，则单击属性面板右下角的箭头，以便可以看到所有选项。合并单元格后，单个单元格的内容将会放置在最终的合并单元格中，所选的第一个单元格的属性将应用于合并的单元格。

（2）拆分单元格 当需要对单个单元格进行拆分时，可以使用拆分单元格。倘若选中多个单元格进行拆分单元格操作，操作仅对第一个单元格有效。选中需要合并的单元格后，请执行下列操作之一：

① 选择菜单栏中的【修改】→【表格】→【拆分单元格】命令。

② 在展开的属性面板中，单击【拆分单元格】按钮。

然后在弹出的"拆分单元格"对话框中选择拆分的行数或者列数，如图 6-16 所示。

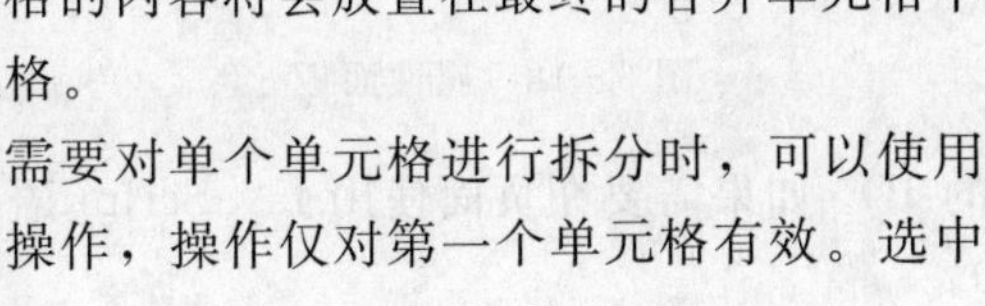

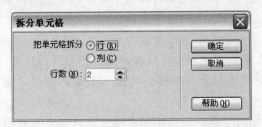

图 6-16 "拆分单元格"对话框

3. 使用扩展表格模式

在 Dreamweaver CS3 中，可以使用扩展表格模式编辑表格。扩展表格模式临时向文档中的所有表格添加单元格边距和间距，并且增加表格的边框以使编辑操作更加容易。利用这种模式，可以选择表格中的项目或者精确地放置插入点。这样，就可以更准确地将插入点放置在图像的左边或右边，从而避免无意中选中该图像或表格单元格。

当需要切换至扩展表格模式的时候，选择菜单栏中的【查看】→【表格模式】→【扩展表格模式】命令，或者选择"插入"工具栏的【布局】选项卡，然后单击【扩展】按钮，如图 6-17 所示。

图 6-17　"布局"选项卡

需要注意的是，一旦做出选择或放置插入点后，需要回到"设计"视图的"标准"模式来进行编辑。因为，诸如调整大小之类的一些可视操作在扩展表格模式中将会看不到效果。使用完毕后，再单击"布局"选项卡中的【标准】按钮即可切换回标准模式。

6.2.3　设置表格属性

1. 设置整个表格的属性

选中需要设置属性的整个表格后，属性面板就会显示该表格的相关属性，如图 6-18 所示。下面重点介绍表格的各项属性参数的含义。

图 6-18　属性面板

1）表格 ID：该表格的 ID。如果需要在页面使用 JavaScript 语言来控制表格，那么就需要为这个表格命名一个 ID。

2）行和列：表格中行数和列数。

3）宽和高：以像素为单位或按浏览器窗口宽度的百分比指定的表格宽度和高度。通常不需要设置表格的高度。

4）填充：即单元格边距，指单元格内容与单元格边框之间的像素数。

5）间距：相邻的表格单元格之间的像素数。

6）边框：指定表格边框的宽度（以像素为单位）。如果没有明确指定边框、单元格间距和单元格边距的值，则大多数浏览器按边框和单元格边距均设置为 1 且单元格间距设置为 2 显示表格。若要确保浏览器不显示表格中的边距和间距，需将"边框"、"单元格边距"和"单元格间距"都设置为 0。

7）对齐：确定表格相对于同一段落中的其他元素（如文本或图像）的显示位置。

①"左对齐"：沿其他元素的左侧对齐表格（因此同一段落中的文本在表格的右侧换行）。

②"右对齐"：沿其他元素的右侧对齐表格（文本在表格的左侧换行）。

③"居中对齐"：将表格居中（文本显示在表格的上方和/或下方）。

④"默认"：指示浏览器应该使用其默认对齐方式。当将对齐方式设置为"默认"时，其他内容不显示在表格的旁边。若要在其他内容旁边显示表格，需要使用"左对齐"或"右对齐"。

8）清除列宽和清除行高：从表格中删除所有明确指定的行高或列宽。

9）将表格宽度转换成像素和将表格高度转换成像素：将表格中每列的宽度或高度设置为以像素为单位的当前宽度（还将整个表格的宽度设置为以像素为单位的当前宽度）。

10）将表格宽度转换成百分比和将表格高度转换成百分比：将表格中每个列的宽度或高度设置为按占"文档"窗口宽度百分比表示的当前宽度（还将整个表格的宽度设置为按占"文档"窗口宽度百分比表示的当前宽度）。

11）背景颜色：表格的背景颜色。

12）边框颜色：表格边框的颜色。

13）背景图像：表格的背景图像。

2. 设置行、列和单元格的属性

如果选中表格中的单元格、行或列等元素时，属性面板就会显示对应表格元素的相关属性选项。按住〈Ctrl〉键，单击单元格的边框即可选中单元格，当鼠标停至表格某一列的上方或某一行的左侧时，鼠标指针变成一个箭头形式，此时单击左键可以选中表格中的一列或者一行，如图 6-19 所示。

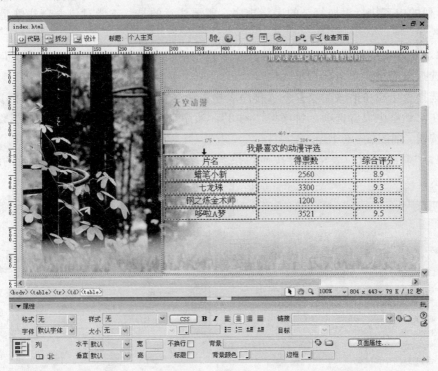

图 6-19　选中表格的一列的属性（注意鼠标指针的变化）

行、列相关的属性主要包括：

1）水平：指定单元格、行或列内容的水平对齐方式。可以将内容对齐到单元格的左侧、右侧或使之居中对齐，也可以指示浏览器使用其默认的对齐方式（通常常规单元格为左对齐，标题单元格为居中对齐）。

2）垂直：指定单元格、行或列内容的垂直对齐方式。可以将内容对齐到单元格的顶端、中间、底部或基线，或者指示浏览器使用其默认的对齐方式（通常是居中对齐）。

3）宽和高：所选单元格的宽度和高度，以像素为单位或按整个表格宽度或高度的百分比指定。若要指定百分比，则需要在值后面使用百分比符号（％）。若要让浏览器根据单元格的内容以及其他列和行的宽度和高度确定适当的宽度或高度，请将此域留空（默认设置）。默认情况下，浏览器选择行高和列宽的依据是能够在列中容纳最宽的图像或最长的行。这就是为什么将内容添加到某个列时，该列有时变得比表格中其他列宽得多的原因。

4）不换行：本复选框用来防止换行，从而使给定单元格中的所有文本都在一行上。如果启用了"不换行"，则当键入数据或将数据粘贴到单元格时单元格会加宽来容纳所有数据。

5）标题：本复选框将所选的单元格格式设置为表格标题单元格。默认情况下，表格标题单元格的内容为粗体并且居中。

6.2.4 排序及整理表格和单元格内容

1. 排序表格

在 Dreamweaver CS3 中，可以根据单个列的内容对表格中的行进行排序，甚至还可以根据两个列的内容执行更加复杂的表格排序。需要注意的是，不能对包含合并单元格的表格进行排序。

例如，要对本章例题中的"动漫评比"表格按照得票数进行排序。具体操作步骤如下：

1）选择该表格或单击任意单元格。

2）选择菜单栏中的【命令】→【排序表格】命令，弹出"排序表格"对话框。

3）在对话框中设置选项，排序按"列2"，顺序为"按数字顺序"-"降序"，然后单击【确定】按钮，如图6-20所示。

这样，"动漫评比"表格就会按照得票数有多到少进行降序排序，排序后的结果如图6-21所示。

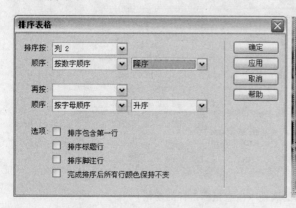

图6-20 "排序表格"对话框　　　　　图6-21 得票数降序排序结果

"排序表格"对话框各个选项的功能如下：

1）排序排：确定使用哪个列的值对表格的行进行排序。

2）顺序：确定是按字母还是按数字顺序以及是以升序（A 到 Z，数字从小到大）还是以降序对列进行排序。

3）再按/顺序：确定将在另一列上应用的第二种排序方法的排序顺序。在"再按"下拉菜单中指定将应用第二种排序方法的列，并在"顺序"下拉菜单中指定第二种排序方法的排序顺序。

4）排序包含第一行：指定将表格的第一行包括在排序中。如果第一行是不应移动的标题，则不选择此选项。

5）排序标题行/排序脚注行：指对标题行和对脚注行进行排序 指定按照与主体行相同的条件对表格的标题或者脚注部分中的所有行进行排序。

6）使排序完成后所有行的颜色保持不变：指定排序之后表格行属性（如颜色）应该与同一内容保持关联。如果表格行使用两种交替的颜色，则不要选择此选项以确保排序后的表格仍具有颜色交替的行。如果行属性特定于每行的内容，则选择此选项以确保这些属性保持与排序后表格中正确的行关联在一起。

2. 整理表格内容

（1）HTML 中的表格格式设置优先顺序　在给表格内容设置格式时，可以对单元格、行、列以及整个表格进行属性设置。如果将整个表格的某个属性（如背景颜色或对齐）设置为一个值，而将单个单元格的属性设置为另一个值，则单元格格式设置优先于行格式设置，行格式设置又优先于表格格式设置。即表格格式设置的优先顺序如下：单元格→行→表格。

例如，如果将单个单元格的背景颜色设置为蓝色，然后将整个表格的背景颜色设置为黄色，则蓝色单元格不会变为黄色，因为单元格格式设置优先于表格格式设置。

（2）导入和导出表格式数据　在 Dreamweaver CS3 中，可以直接将 Microsoft Excel 表格数据导入到 Dreamweaver 中并设置为表格格式。也可以将表格数据从 Dreamweaver 导出到文本文件中，相邻单元格的内容由分隔符隔开。可以使用逗号、冒号、分号或空格作为分隔符。

导入表格的操作方法有以下三种：

1）选择菜单栏中的【文件】→【导入】→【表格式数据】命令。

2）在"插入"工具栏的"数据"选项卡中，单击【导入表格式数据】按钮。

3）选择菜单栏中的【插入】→【表格对象】→【导入表格式数据】命令。

弹出的"导入表格式数据"对话框如图 6-22 所示。单击【浏览】按钮选择要导入的文件名称，选择需要的分隔符（即定界符）并设置相关属性数据，再单击【确定】按钮即可。

导出表格时，需要将插入点放置在表格中的任意单元格中，然后选择菜单栏中的【文件】→【导出】→【表格】命令，在弹出的"导出表格"对话框中，选择分隔符、换行符后单击【导出】按钮如图 6-23 所示，并在弹出的对话框中保存文件即可。

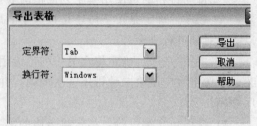

图 6-22　"导入表格式数据"对话框　　　　图 6-23　"导出表格"对话框

6.2.5　表格的高级应用

　　表格无疑是网页制作中最为重要的一个对象，因为通常的网页都是依靠表格来进行版面布局和各元素组织的，它直接决定了网页是否美观，内容组织是否清晰。但很多用户常常忽视对表格的研究，而把目光投向其他的层、图片、特效等，其实合理的利用表格可以更为方便地美化页面。比如，可以通过表格的特性来制作水平细线用以分隔页面，起到布局页面的作用。此外，还可以制作单像素表格或圆角表格。

　　1. 水平细线

　　水平细线用以分隔页面，并且效果要比直接插入的水平线更加美观，如图 6-24 所示。通过制作高为 1 像素的表格便可创建水平细线。

图 6-24　制作的水平细线

　　注意：图中上面为单独插入的水平线，下面为制作的水平细线。

　　要想制作水平细线，首先在网页中插入一个 1 行 1 列的表格，并将单元格边距和单元格间距都设置为 0，边框设为 1，然后选择菜单栏中的【文档】→【代码】命令，切换到代码视图，将〈td〉和〈/td〉标签之间的" "删除，再切换到设计视图，即可看到水平细线的效果。

　　如果想让水平细线变为彩色的，可对表格设置边框和背景颜色。

　　2. 单像素表格

　　单像素表格就是利用设置单元格间距的属性，来使表格在浏览器中在表格和单元格的周围显示一条细线，从而避免了将表格边框宽度设置为 1 时显的过于突出的问题，如图 6-25 所示。

　　创建单像素表格步骤如下：

　　1）在属性面板中定义表格的边框为 0（此项必须为 0），填充为 2（这项可使单元格中的内容与单元格边缘之间保持 2 个像素，可任意）；间距为 1（此项使得单元格之间保持 1 个像素的间距）。

　　2）设置表格的背景色为想要的边框颜色，如＃669933。

我最喜欢的动漫评选

片名	得票数	综合评分
哆啦A梦	3521	9.5
七龙珠	3300	9.3
蜡笔小新	2560	8.9
钢之炼金术师	1200	8.8

图 6-25　单像素表格

3）选定全部单元格，把全部单元格的背景色都设置为同一种颜色，如＃F7F7DF。

4）在浏览器中预览一下效果，就可以看到表格呈现一个像素的边框了。

3. 圆角表格

制作网页时候为了美化，常常把表格边框的拐角处做成圆角，这样可以避免直接使用表格直角的生硬，使得网页整体更加美观。制作圆角表格的步骤如下：

1）先用 Photoshop 等作图软件绘制一个圆角表格所要一些图片，如图 6-26 所示。

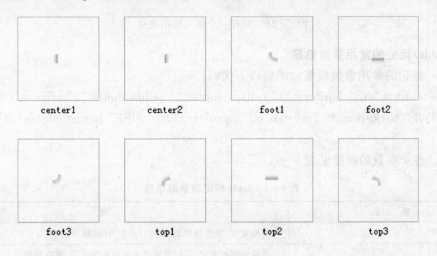

图 6-26　素材图片

2）首先建立一个 3 行 3 列的表格，设置表格边框为 0，分别设置上面的图片作为单元格背景，如图 6-27 所示。

图 6-27　圆角表格制作

6.2.6 表格的 HTML 标记

1. 表格标记

要创建表格，需要使用表格标记〈table〉和〈/table〉。〈table〉是一个容器标记，它用以宣告这是表格而其他标记只能在它的范围内才适用。此外，〈tr〉用以标示表格行、〈td〉用以标示表格列。

例如以下代码：

〈table width＝"60％" border＝"1"〉

〈tr〉〈td〉只有一个单元格的表格〈/td〉〈/tr〉

〈/table〉

其含义是一个宽度占屏幕 60％ 的表格，表格的边框为 1，只有一个单元格，单元格里的内容就是"只有一个单元格的表格"，如图 6-28 所示。

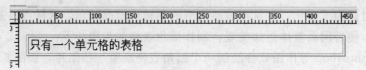

图 6-28　只有一个单元格的表格

2.〈table〉标记的常用参数设定

〈table〉标记的常用参数较多，例如以下代码：

〈table width＝"400" border＝"1" cellspacing＝"2" cellpadding＝"2" align＝"CENTER" valign＝"TOP" background＝"myweb. gif" bgcolor＝"#0000FF" bordercolor＝"#CF0000" cols＝"2"〉

其中，各个参数的功能见表 6-1。

表 6-1　table 标记的参数功能

参　　数	功　　能
width＝"400"	表格宽度，接受绝对值（如 80）及相对值（如 80％）
border＝"1"	表格边框的宽度，不同浏览器有不同的默认值，需要指明
cellspacing＝"2"	表格间距
cellpadding＝"2"	文字与表格线间的距离
align＝"CENTER"	表格的水平对齐方式，可选值为：LEFT,RIGHT,CENTER
valign＝"TOP"	表格的垂直对齐方式，可选值为：TOP,MIDDLE,BOTTOM
background＝"myweb. gif"	表格的背景图片，与 bgcolor 参数不要同用
bgcolor＝"#0000FF"	表格的背景颜色，与 background 参数不要同用
bordercolor＝"#CF0000"	表格边框颜色
bordercolorlight＝"#00FF00"	表格边框向光部分的颜色，只适用于 IE 浏览器
bordercolordark＝"#00FFFF"	表格边框背光部分的颜色，使用 bordercolorlight 或 bordercolordark 时 bordercolor 将会失效，只适用于 IE 浏览器
cols＝"2"	表格栏位数目，只是让浏览器在下载表格时先画出整个表格而已

3.〈tr〉标记和〈td〉标记

〈tr〉标记用来表示表格中的行，而〈td〉标记用来表示表格的列，例如，表示一个 2 行 2 列的表格的 HTML 代码如下：

〈table width＝"60％" border＝"1" cellspacing＝"5"〉

　　〈tr bordercolor＝"＃0000FF"〉

〈td〉第一行第一列〈/td〉〈td〉第一行第二列〈/td〉

　　〈/tr〉

　　〈tr bordercolorlight＝"＃CF0000" bordercolordark＝"＃00FF00"〉

〈td〉第二行第一列〈/td〉〈td〉第二行第二列〈/td〉

　　〈/tr〉

〈/table〉

显示效果如图 6-29 所示。

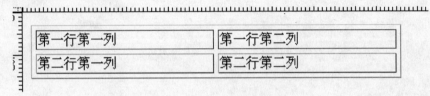

图 6-29　两行两列的表格

〈tr〉标记和〈td〉标记的常用参数及其含义与〈table〉标记的大体相同，在此不再赘述。

4.〈th〉标志

〈th〉与〈td〉同样是标记一个单元格，但它代表的含义是标题单元格，它和〈td〉唯一不同的是〈th〉所标记的单元格中的文字是以粗体出现，通常用于表格中的标题栏目。用它取代〈td〉的位置便可以。当然，如果可以在〈td〉所标记的文字加上粗体标记便能达到同样的效果。

5.〈caption〉标记

〈caption〉标记的作用是为表格标示一个标题行，如同在表格上方加一没有格线的行，通常用来存放表格标题。例如：

〈caption align＝"TOP" valign＝"TOP"〉〈/caption〉

〈caption〉的常用参数设定如下：

1）align＝"TOP"。表示该表格标题行相对于表格的水平对齐方式，可选值为：LEFT，CENTER，RIGHT，TOP，MIDDLE，BOTTOM。若 align＝"BOTTOM"，标题列便会出现在表格的下方，无论原代码中〈caption〉标记在〈table〉中的位置。

2）valign＝"TOP"。表示该表格标题行相对于表格的垂直对齐方式，可选值为：TOP，BOTTOM。单独使用和 align＝"TOP"或 align＝"BOTTOM"是重复的，当需要标题行置于下方同时向右对齐，则将两个参数同时使用。当只使用一个参数时，首选 align，因为 valign 是由 HTML 3.0 才开始引入的参数。

习　　题

一、填空题

1. 单元格内间距是指单元格内的对象与单元格＿＿＿＿＿＿＿＿＿＿之间的距离。单元格间距是指单元格与＿＿＿＿＿＿＿＿＿＿之间的距离。

2. 为了使所设计的表格在浏览网页时，不显示表格的边框，应把表格的边框宽度设为＿＿＿＿＿＿＿＿＿＿。

3. 在表格的＿＿＿＿＿＿＿＿＿＿中可以插入另一个表格，这称为表格的嵌套。

4. 为了加快下载速度，尽量＿＿＿＿＿＿＿＿＿＿整个网页的内容放在一个大的表格中。

5. 要想使表格内的数据进行排序，应当执行菜单栏＿＿＿＿＿＿＿＿＿＿下的＿＿＿＿＿＿＿＿＿＿操作。

二、上机操作

上网查看分析"开心网"的首页（www.kaixin001.com）样式，并仿照其利用表格布局页面。

第7章 创建丰富多彩的多媒体页面

学习目标：

1）掌握在网页中添加 Flash 多媒体元素的方法。

2）了解网页中的其他多媒体元素。

7.1 案例——一个丰富多彩的多媒体页面

网页的页面中只有图像和文本，表现力毕竟有限，如果加入一些动感十足的 Flash 动画，可以吸引浏览者的注意。如果再加上音乐，就能创建图像、文本、动画和音乐四位一体的多媒体效果。多媒体在网页制作上的运用使得网页的效果更加丰富多彩，目前在 Internet 上的网页几乎都包含着各种多媒体对象。

7.1.1 案例介绍

本案例是一个包含多媒体的个人主页的圣诞节页面，实例效果如图7-1所示。

图7-1 网页实例效果图

7.1.2 案例分析

本案例是一个典型的多媒体应用实例，其中包含了 Flash 动画、Flash 文本、Flash 按钮、Flash 视频等多种多媒体对象。利用表格实现页面布局，并在其中添加多媒体对象使页面声情并茂。该实例综合了多种 Dreamweaver CS3 支持的多媒体格式，在实现时需要注意不同格式的文件需要使用不同的方式插入。

7.1.3 案例实现

1. 主页面设计

1）首先设计主页面的原始页面，如图 7-2 所示，保存为 7. htm。

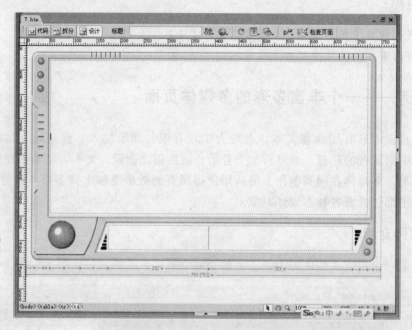

图 7-2　原始素材

2）选中需要添加 Flash 元素的单元格，即图 7-2 中鼠标所在位置，选择"插入"工具栏的"常用"选项卡，单击【媒体】按钮旁边的下拉按钮，选择添加的对象为"Flash"，如图 7-3 所示。

3）在弹出的"选择文件"对话框中，选择需要添加的 Flash 文件的路径，这里选择"shucai/xmas. swf"，然后单击【确定】按钮，如图 7-4 所示。

4）在弹出的"对象标签辅助功能属性"对话框中，填写该 Flash 动画的标题"圣诞快乐"，然后单击【确定】按钮，如图 7-5 所示。如果不需要输入标题，可以直接单击【确定】按钮。

图 7-3　"常用"选项卡中的【媒体】按钮

5）在该单元格内出现了该 Flash 动画的占位符。选择占位符，可以在属性面板中设置该 Flash 动画的属性，如图 7-6 所示。为了配合页面外观，将该 Flash 动画的高度设为315。单击【播放】按钮，即可以在工作区直接播放该 Flash 动画。

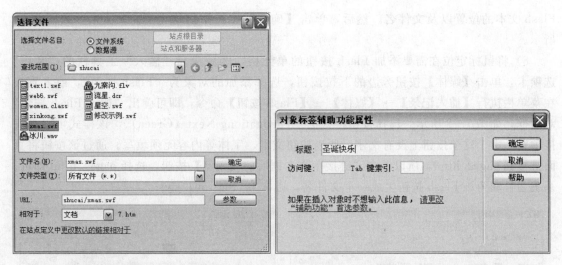

图 7-4　"选择文件"对话框　　　　　图 7-5　"对象标签辅助功能属性"对话框

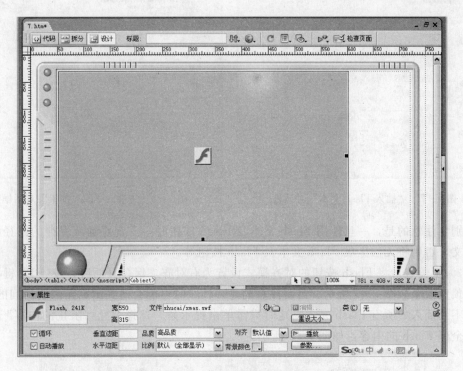

图 7-6　插入 Flash 效果

6）在下面的两个空白单元格中分别插入 Flash 文字和 Flash 按钮。鼠标定位在需要添加 Flash 文字的单元格，然后选择"插入"工具栏的"常用"选项卡，单击【媒体】按钮旁边的下拉按钮，选择添加的对象为"Flash 文本"。或者直接在菜单栏执行【插入记录】→【媒体】→【Flash 文本】命令。

7）在弹出的"插入 Flash"文本对话框中，选择字体为"MS UI Gothic"，大小为 30，颜色为"＃FF0000"，转滚颜色为"＃33CCFF"。文本内容为"圣诞快乐"。系统会自动为该 Flash 文本生成一个文件名，通常为"text1.swf"。可以单击【浏览】按钮调整保存该

Flash 文本的位置以及文件名。然后，单击【确定】按钮添加这个 Flash 文本，如图 7-7 所示。

8）将鼠标定位在需要添加 Flash 按钮的单元格，然后选择"插入"工具栏的"常用"选项卡，单击【媒体】按钮旁边的下拉按钮，选择添加的对象为"Flash 按钮"，或者直接在菜单栏执行【插入记录】→【媒体】→【Flash 按钮】命令，即可弹出"插入 Flash 按钮"对话框，如图 7-8 所示。选择按钮样式为"Navigationg-Next（Green）"，该样式可以被直接预览。由于这个按钮上没有文字，所以按钮文本、字体等内容无须填写。通过该按钮将页面链接到 page2.html，所以单击"链接"文本框后的【浏览】按钮，选择 page2.html 即可。系统会自动为该 Flash 按钮生成一个文件名，通常为"button1.swf"。

图 7-7 "插入 Flash 文本"对话框

图 7-8 "插入 Flash 按钮"对话框

特别要注意的是，一旦使用 Flash 文本及 Flash 按钮时，一定要确认保存的路径中不能使用中文，否则将无法生成 Flash 文本及 Flash 按钮等。

9）为了美观，将 Flash 按钮的对齐模式设置为右对齐。保存页面后，按〈F12〉键预览该页面，预览效果如图 7-1 所示。需要注意的是，预览时可能会遇到浏览器限制访问的情况，就会看不到插入的所有 Flash 元素，这时只需单击提示条，选择"允许阻止的内容"项，即可看到全部 Flash 的内容，如图 7-9 所示。

图 7-9 浏览器限制 Flash 元素的访问

2. 添加 Flash 视频

1）打开 page2. html 文件，选择一个背景图片使页面美观，并插入一个 4 行 2 列边框为 0 的表格，用于设计页面布局，如图 7－10 所示。

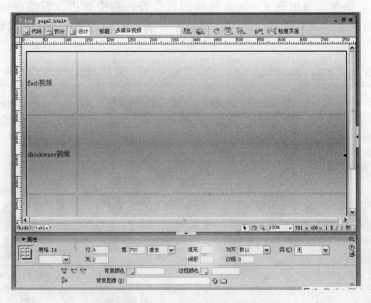

图 7－10　page2. html 的基本样式

2）将鼠标定位在添加 Flash 视频的位置，然后选择"插入"工具栏的"常用"选项卡，单击【媒体】按钮旁边的下拉按钮，选择添加的对象为"Flash 视频"，或者直接在菜单栏执行【插入记录】→【媒体】→【Flash 视频】命令，即可弹出"插入 Flash 视频"对话框，如图 7－11 所示。

图 7－11　"插入 Flash 视频"对话框

选择视频类型为"累进式下载视频",在"URL"文本框后单击【浏览】按钮,选择"shucai/野鸭.flv",外观选择"Clear Skin 3",宽度和高度为 300 和 240,然后单击【确定】按钮。

3)完成后,该单元格出现了 Flash 视频的占位符。选中该占位符后,可以通过属性面板编辑该视频的属性。预览该页面即可以看到带有播放控制外观的 Flash 视频,如图 7 - 12 所示。

图 7 - 12 插入 Flash 视频

3. 添加 Shockwave 视频

1)将鼠标定位在添加 Shockwave 视频的位置,然后选择"插入"工具栏的"常用"选项卡,单击【媒体】按钮旁边的下拉按钮,选择添加的对象为"Shockwave",或者直接在菜单栏执行【插入记录】→【媒体】→【Shockwave】命令,即可弹出"选择 Shockwave 文件"对话框,这里选择 shucai/首饰.dcr",如图 7 - 13 所示。单击【确定】按钮,即可插入该视频。

图 7 - 13 "选择 Shockwave 文件"对话框

2）完成后，该单元格出现了 Shockwave 视频的占位符。选中该占位符后，可以通过属性面板编辑该视频的属性，选择宽度 300，高度 200。单击【播放】按钮，可以在工作区直接预览视频影片；按〈F12〉键可以在浏览器预览该页面，效果如图 7-14 所示。

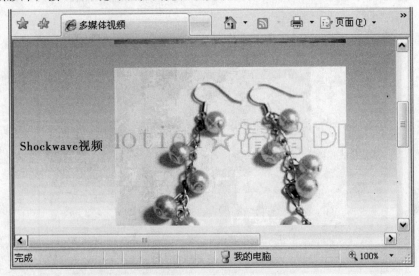

图 7-14　插入 Shockwave 视频

4. 添加其他格式的视频

1）将鼠标定位在添加视频的位置，然后选择"插入"工具栏的"常用"选项卡，单击【媒体】按钮旁边的下拉按钮，选择添加的对象为"插件"，或者直接在菜单栏执行【插入记录】→【媒体】→【插件】命令，即可弹出"选择文件"对话框，选择"shucai/示例.wmv"，如图 7-15 所示。单击【确定】按钮，即可插入该视频。

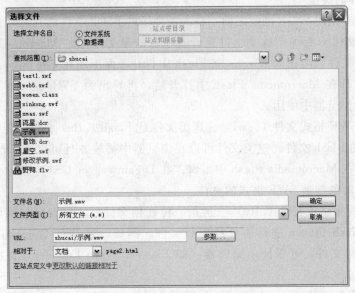

图 7-15　"选择文件"对话框

2）完成后，该单元格出现了该视频插件的占位符。选中该占位符后可以通过属性面板编辑该视频的属性，选择宽度 300，高度 200。单击【播放】按钮，可以在工作区直接预览视频影片；按〈F12〉键可以在浏览器预览该页面，如图 7-16 所示。

　　需要注意的是，播放各种视频格式都需要计算机中安装相应的插件支持，否则将无法看到视频。

图 7-16　插入 wmv 格式视频

7.2　相关知识

7.2.1　插入 Flash 动画

1. Flash 文件的类型

　　学习在网页上使用 Flash 动画之前，首先需要了解 Flash 文件的几种常见类型。

　　（1）Flash 文件（.fla）　这类文件是所有项目的源文件，在 Macromedia Flash 程序中创建。此类型的文件只能在 Macromedia Flash 中打开，而不能在 Dreamweaver 或浏览器中打开的。这种文件在 Macromedia Flash 中打开后，再导出为 SWF 或 SWT 文件才可以在 Dreamweaver 或浏览器中使用。

　　（2）Flash SWF 格式文件（.swf）　这类文件是 Flash（.fla）文件的压缩版本，是可以在 Web 中查看的 Flash 文件。这类文件可以在浏览器中播放并且可以在 Dreamweaver 中进行预览，但不能在 Macromedia Flash 中编辑。在 Dreamweaver CS3 中经常使用的 Flash 按钮和 Flash 文本对象都是 SWF 格式的文件。

　　（3）Flash 视频格式文件（.flv）　这是一种视频文件，它包含经过编码的音频和视频数据，是通过 Flash Player 进行播放的视频文件。例如，如果有 QuickTime 或 Windows Media 格式的视频文件，可以使用编码器（如 Flash 8 Video Encoder）将视频文件转换为 FLV 格式文件。

　　（4）Flash 模板文件（.swt）和 Flash 元素文件（.swc）　Flash 模板文件（.swt）是 Flash 库文件，这种类型的文件允许修改 Flash 动画文件中的信息，常用于 Flash 按钮对象中。而 Flash 元素文件（.swc）也是一种 Flash SWF 格式文件，通过将此类文件合并到

Web 页，可以创建丰富的 Internet 应用程序。Flash 元素有可自定义的参数，通过修改这些参数可以执行不同的应用程序功能。

综上所述，在 Dreamweaver CS3 中使用的 Flash 动画文件格式通常是可以直接在 Web 中播放的 SWF 格式，而后面学习制作的 Flash 文本和 Flash 按钮也都是这种格式。此外，在 Dreamweaver CS3 中使用的 Flash 视频的格式就是 FLV 格式。

2. 插入 Flash 内容

（1）插入及预览 Flash　在网页中插入 Flsah（.swf）内容的方法非常简单。在"文档"窗口的"设计"视图中，将插入点放置在要插入内容的位置，然后执行以下操作之一：

① 在"插入"工具栏的"常用"选项卡中，单击【媒体】按钮，然后选择【Flash】命令。

② 选择菜单栏中的【插入记录】→【媒体】→【Flash】命令。

在弹出的对话框中，选择一个 Flash 文件（.swf）。Flash 占位符就会出现在"文档"窗口中（与 Flash 按钮和文本对象不同）。

点击在文档中出现的 Flash 占位符，在属性面板中，单击【播放】按钮即可预览该 Flash，单击【停止】按钮可以结束预览。还可以通过按〈F12〉键在浏览器中预览 Flash 内容。

（2）设置 Flash 属性　选择一个 Flash SWF 格式文件后，可以在属性面板中设置它的属性，如图 7 - 17 所示。

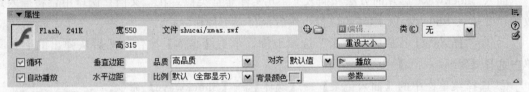

图 7 - 17　Flash SWF 文件的属性

以下为各主要属性项的功能。

1）名称：属性面板最左侧的未标记的文本框是输入 Flash 名称的位置。在脚本撰写时，需要指定一个名称来标识该文件。注意，这个名称和该 Flash 的文件名不同。

2）宽和高：以像素为单位指定影片的宽度和高度。

3）文件：指定 Flash 文件的路径。单击文件夹图标以定位到某一文件，或者键入路径。

4）编辑：启动 Macromedia Flash 以更新 FLA 文件（使用 Flash 创作工具创建的文件）。如果计算机上没有安装 Macromedia Flash，此选项将被禁用。

5）重设大小：将选定影片返回到其初始大小。

6）循环：使影片连续播放，如果没有选中该选项，Flash 在播放一次后即停止。

7）自动播放：在加载页面时自动播放。

8）垂直边距和水平边距：指定影片上、下、左、右空白的距离。

9）品质：在 Flash 影片播放期间控制抗失真。设置越高，影片的观看效果就越好，但这要求处理器速度更快。它有以下四个选项：

①"低品质"设置表示更看重显示速度而非外观。

②"高品质"设置表示更看重外观而非显示速度。

③"自动低品质"表示首先看重显示速度，但如有可能则改善外观。

④"自动高品质"表示首先看重这两种品质，但根据需要可能会因为显示速度而影响外观。

10）比例：确定影片如何适合在宽度和高度文本框中设置的尺寸，有三个选项。

①"默认"（全部显示）设置为显示整个影片。

②"无边框"使影片适合设定的尺寸，以便不显示任何边框并保持原始的长宽比。

③"严格匹配"对影片进行缩放以适合设定的尺寸，而不管纵横比如何。

11）对齐：确定影片在页面上的对齐方式。

12）背景颜色：指定影片区域的背景颜色。在不播放影片时（在加载时和在播放后）显示此颜色。

13）参数：将打开一个对话框，可以在其中输入传递给影片的附加参数。要求影片必须已设计好可以接收这些附加参数。

7.2.2 插入 Shockwave 动画

在 Dreamweaver CS3 中，可以将 Shockwave 影片插入到文档中。Adobe Shockwave 是在 Web 上用于交互式多媒体的一种压缩格式标准，使得在 Adobe Director 中创建的媒体文件能够被大多数常用浏览器快速下载和播放。

插入 Shockwave 影片的方法和插入 Flash 文件非常类似。在"文档"窗口中，将插入点放置在要插入 Shockwave 影片的位置，然后执行以下操作之一：

① 在"插入"工具栏的"常用"选项卡中，单击【媒体】按钮，然后从弹出的下拉菜单中选择【Shockwave】命令。

② 选择菜单栏中的【插入记录】→【媒体】→【Shockwave】命令。

在弹出的"选择文件"对话框中，选择一个 dcr 格式的影片文件，该文件就插入到网页中了。可以在网页中看到 Shockwave 影片的占位符，是一个宽和高都是 32 像素的小图标，需要在属性面板中分别输入影片的宽度和高度。否则，这个影片就只能在小占位符的位置上播放。

需要注意的是，播放 Shockwave 动画需要 Shockwave 插件的支持，必须下载 Shockwave 插件才能观看。

7.2.3 插入声音

Dreamweaver CS3 支持两种插入声音的方法：链接到音频文件和嵌入声音文件。

1. 链接到音频文件

链接到音频文件是将声音添加到网页的一种简单而有效的方法。这种集成声音文件的方法可以使访问者选择是否要收听该文件，并且使文件可用于最广范围的听众。

链接到音频文件的本质就是创建一个页面链接，这个链接所指向的文件是一个音频文件，具体的方法在第 5 章已经介绍过。只需要选择要用作指向音频文件的链接的文本或图像，并在属性面板中，单击"链接"文本框旁的文件夹图标以浏览定位音频文件，或者在"链接"文本框中键入文件的路径和名称即可。

2. 嵌入声音文件

嵌入音频文件可将声音直接集成到页面中，但只有在访问站点的访问者具有所选声音文件的适当插件后，声音才可以播放。如果希望将声音用作背景音乐，或者控制音量和播放器在页面上的外观或者声音文件的开始点和结束点，就可以嵌入文件。

将声音文件集成到网页中时，需要仔细考虑这些声音文件在 Web 站点内的播放方式。因为访问者有时可能不希望听到音频内容，所以应该总是提供启用或禁用声音播放的控件。

嵌入声音文件的本质是插入一个声音的插件。在"设计"视图中，将插入点放置在要嵌入文件的地方，然后执行以下操作之一：

① 在"插入"工具栏的"常用"选项卡中，单击【媒体】按钮，然后从下拉菜单中选择【插件】命令。

② 选择菜单栏中的【插入记录】→【媒体】→【插件】命令。在弹出的"选择文件"对话框中，选择需要插入的声音文件即可。

插入声音插件之后，需要在属性面板中输入宽和高的值，或者通过在"文档"窗口直接调整插件占位符的大小。这些值确定音频控件在浏览器显示大小，如图 7 – 18 所示。单击【播放】按钮即可播放该音频，单击【停止】按钮即可停止播放。

图 7 – 18　插入声音插件

7.2.4　插入视频

Dreamweaver CS3 支持多种格式的视频文件，如 Flash 视频格式文件（.flv）、Windows 视频格式文件（.wmv）等。

1. 插入 Flash 视频

在 Dreamweaver 中插入 Flash 视频时，实际上是插入了一个 Flash 视频组件；在浏览器中查看该组件时，它将显示所选择的 Flash 视频内容以及一组播放控件。

Dreamweaver CS3 提供了两种播放 Flash 视频的方法。

1）累进式下载视频：将 Flash 视频（FLV）文件下载到站点访问者的硬盘上，然后播放。但是，与传统的"下载并播放"视频传送方法不同，累进式下载允许在下载完成之前就开始播放视频文件。

2）流视频：对 Flash 视频内容进行流式处理，并在一段可确保流畅播放的很短的缓冲时间后在 Web 页面上播放该内容。若要在网页上启用流视频，必须具有访问 Adobe Flash Media Server 的权限。

下面以插入累进式下载视频为例，介绍插入 Flash 视频的主要步骤如下：

1）在"设计"视图中，将插入点放置在要嵌入文件的地方，然后执行以下操作之一。

① 在"插入"工具栏的"常用"选项卡中，单击【媒体】按钮，从下拉菜单中选择【Flash 视频】命令。

② 选择菜单栏中的【插入记录】→【媒体】→【Flash 视频】命令。

2）在弹出的"插入 Flash 视频"对话框中，从"视频类型"下拉菜单中选择"累进式下载视频"或"流视频"，如图 7-19 所示。

图 7-19 "插入 Flash 视频"对话框

3）在"URL"文本框中指定 FLV 文件的相对路径或绝对路径。

4）在"外观"下拉菜单中指定 Flash 视频组件的外观。Dreamweaver 中提供了多种可选的视频播放外观，所选外观的预览会出现在"外观"下拉菜单下方。

5）指定视频文件的宽度和高度。若要让 Dreamweaver 确定 FLV 文件的准确宽度和高度，请单击【检测大小】按钮。如果 Dreamweaver 无法确定宽度，则必须键入宽度值和高度值。

6）设置视频是否需要"限制高宽比"、"自动播放"以及"自动重新播放"。

7）选项"如果必要，提示用户下载 Flash Player"是指在页面中插入代码，该代码将检测查看 Flash 视频所需的 Flash Player 版本，并在用户没有所需的版本时提示其下载 Flash Player 的最新版本。此外，还可以在"消息"文本框自定义一个提示消息。

8）单击【确定】按钮关闭对话框并将 Flash 视频内容添加到 Web 页面。

插入 Flash 视频命令插入的是一个 FLV 文件，生成的是一个视频播放器 SWF 文件和一个外观 SWF 文件，它们用于在 Web 页面上显示 Flash 视频内容。这些文件与 Flash 视频内容所添加到的 HTML 文件存储在同一目录中。当上传包含 Flash 视频内容的 HTML 页面时，Dreamweaver 将以相关文件的形式上传这些文件。

如果需要插入"流视频"，则需要改变视频类型选项，再根据对话框内容填写完成其他选项设置即可。

2. 插入其他格式视频

在 Dreamweaver CS3 中，可以支持插入多种格式的视频，如 QuickTime 格式视频和 Windows 格式视频等，只需计算机中提供相应视频格式的插件即可。插入其他格式视频的方法是选择菜单栏中的【插入记录】→【媒体】→【插件】命令。具体方法前面已经介绍过，在此不再赘述。

同样，浏览网页的用户必须下载相应插件，才能查看常见的流式处理格式，如 Real Media、QuickTime 和 Windows Media 等。

7.2.5　插入其他多媒体

1. 插入 Flash 文本

在 Dreamweaver CS3 中，可以制作简单的 Flash 文本，如 7.1 节中的实例所示。插入的 Flash 文本可以设置字体、大小、颜色、滚转颜色以及链接等内容。插入 Flash 文本的方法和插入 Flash 动画非常类似，只需将【媒体】对象选择为【Flash 文本】即可。在弹出的"插入 Flash 文本"对话框中，设置文本的选项。插入的 Flash 文本被保存为 SWF 格式的 Flash 文件。如果单击【应用】按钮，可以不关闭该对话框，直接在网页中预览文本的效果，插入的文本在网页中就会有滚转颜色不同的效果。

需要注意的是，在插入 Flash 文本之前，需要先保存网页文档，且保存该 Flash 文本的文件路径以及文件名中都不能包含中文。

2. 插入 Flash 按钮

在 Dreamweaver CS3 中，可以插入 Flash 按钮，如 7.1 节实例所示，这里使用的 Flash 按钮不需要安装 Macromedia Flash 支持。Flash 按钮对象是基于 Flash 模板的可更新按钮。

插入 Flash 按钮的方法和插入 Flash 动画非常类似，只需将【媒体】对象选择为【Flash 按钮】即可。在弹出的"插入 Flash 按钮"对话框中，设置按钮的选项。在 Dreamweaver CS3 中，提供了多种样式的 Flash 按钮模板，选择模板样式后，可以在范例中预览该按钮的效果。插入的 Flash 按钮被保存为 SWF 格式的 Flash 文件。如果单击【应用】按钮，可以不关闭该对话框，直接在网页中预览按钮的效果。

3. 插入 FlashPaper 文档

在 Dreamweaver CS3 中，可以在网页中插入 Adobe FlashPaper 文档。FlashPaper 是一种特殊的 Flash 动画文件，可以通过 FlashPaper 软件制作。制作网页时，可以利用插入 FlashPaper 功能在网页中插入 Macromedia FlashPaper 文档。这样在浏览器中打开包含 FlashPaper 文档的网页时，用户就可浏览 FlashPaper 文档中的所有页面，而无须加载新的网页。用户也可以搜索、打印和缩放该文档。

有关 FlashPaper 的详细信息，有兴趣的读者可以参阅 Adobe Web 站点 http：//

www. adobe. com/go/Flashpaper. cn。

在网页中插入 FlashPaper 的方法和前面类似，只需选择【媒体】对象为【FlashPaper】即可。在弹出的"插入 FlashPaper"对话框中，浏览并定位一个 FlashPaper 文档，将其选定。如果需要指定高度和宽度，就输入高度和宽度来指定 FlashPaper 对象在网页上的尺寸。FlashPaper 将缩放文档以适合宽度。单击【确定】按钮在页面中插入文档，如图 7-20 所示。

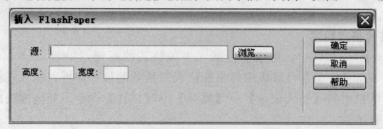

图 7-20　"插入 FlashPaper"对话框

由于 FlashPaper 文档是 Flash 对象，因此页面上将出现一个 Flash 占位符。选定该占位符，在属性面板中单击【播放】按钮可以预览 FlashPaper 文档，单击【停止】按钮可以结束预览；也可以通过按〈F12〉键在浏览器中预览该文档。FlashPaper 工具栏在浏览器中具有全部功能，如图 7-21 所示。

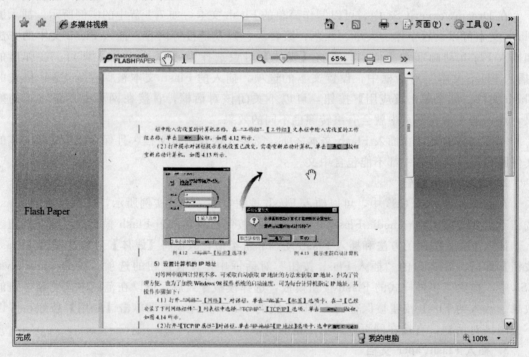

图 7-21　浏览 FlashPaper

7.2.6　在 HTML 代码中插入多媒体

HTML 代码中的多媒体标记主要有〈BGSOUND〉和〈EMBED〉两种。其中，〈BGSOUND〉标记用于设定背景音乐，仅适用于 Internet Explorer 浏览器。〈EMBED〉标记用于加入声音、音乐或影像。

1.〈BGSOUND〉标记

〈BGSOUND〉用以插入背景音乐，但只适用于 IE 浏览器，其参数设定不多，语法格式如下：〈BGSOUND src＝"MIDI 文件名" autostart＝true loop＝infinite〉

例如：〈BGSOUND src＝"your. mid" autostart＝true loop＝infinite〉

其中，各个参数的含义如下：

src＝"your. mid"：设定 MIDI 文件及路径，可以是相对或绝对。

autostart＝true：设定在网页打开之后是否自动播放音乐。值为 true，代表自动播放；值为 false，代表不自动播放。默认值为 false。

loop＝infinite：设定是否自动重复播放以及重复播放的次数。loop＝2 表示重复两次，infinite 表示重复多次。

2.〈BMBED〉标记

〈EMBED〉用以插入各种多媒体，格式可以是 MIDI、WAV、AIFF、AU 等，Netscape 及新版的 IE 浏览器都支持这个标记。其参数设定较多。例如：

〈EMBED src＝"your. mid"autostart＝"true" loop＝"true" hidden＝"true"〉

其中，各参数含义如下：

src＝"your. mid"：设定 MIDI 文件及路径，可以是相对或绝对。

autostart＝true：设定在网页打开之后是否自动播放音乐。值为 true，代表自动播放；值为 false，代表不自动播放。默认值为 false。

loop＝"true"：设定是否自动重复播放以及重复播放的次数。loop＝2 表示重复两次；true 表示是；false 或者 no 表示否。

hidden＝"true"：设定是否完全隐藏控制画面。值为 true，代表完全隐藏；值为 false 或者 no，代表不隐藏。默认值为 false。

STARTTIME＝"分：秒"：设定歌曲开始播放的时间。例如，STARTTIME＝"00：30" 表示从第 30 秒处开始播放。

VOLUME＝"50"：设定音量的大小，数值是 0～100 之间，默认值则为使用者系统本身设定的音量值。

WIDTH＝"像素数" 与 HIGH＝"像素数"：设定插件的宽度和高度。只有在 HIDDEN＝"no" 的时候需要设定。

ALIGN＝"center"：设定控制画面和旁边文字的对齐方式，其值可以是_ top、_ bottom、_ center、_ baseline、_ left、_ right、_ texttop、_ middle、_ absmiddle、_ absbottom。

CONTROLS＝"smallconsole"：设定控制画面的外观。预设值是 console。其值可以是以下几种：console 表示一般正常的面板；smallconsole 表示较小的面板；playbutton 表示只显示播放按钮；pausecutton 表示只显示暂停按钮；stopbutton 表示只显示停止按钮；volumelever 表示只显示音量调整钮。

综上所述，如果想要给自己的网页添加一个背景音乐，有以下两种方法：使用〈BGSOUND〉标记或者〈EMBED〉标记。

1）使用〈BGSOUND〉标记，语句如下：

〈BGSOUND src＝"shucai/onestop. mid" autostart＝true loop＝infinite〉

2）使用〈EMBED〉标记，语句如下：

〈EMBED src="shucai/onestop. mid" autostart="true" loop="true" hidden="flase"〉

习 题

一、选择题

1. 在 Dreamweaver CS3 中，可以插入的 Flash 动画格式有_____。

  A. FLV   B. SWF   C. FLA   D. SWT

2. 在 Dreamweaver CS3 中，可以支持的插件格式有_____。

  A. WMV   B. MIDI   C. FLV   D. 以上全都支持

二、填空题

1. 在网页中添加 Flash 文本及 Flash 按钮之前，必须先_____。

2. Flash 文本的默认保存格式是_____。

3. 在网页中添加一段视频，需要执行菜单栏_____操作，再在弹出的对话框中_____操作即可。

三、上机操作

在本章第一节的实例的页面上再添加以下多媒体内容。

1. 背景音乐

2. FlashPaper

3. 嵌入的音乐文件

第 8 章　应用 CSS 美化网页

学习目标：

1) 了解 CSS 的作用。
2) 掌握 CSS 的创建和使用方法。
3) 掌握 CSS 的编辑方法。
4) 掌握 CSS 滤镜的使用方法。

8.1　案例——红苹果个人简介

8.1.1　案例介绍

本案例是红苹果个人空间的主页，通过此页面学习 CSS 的使用。实例效果如图 8-1 所示。

图 8-1　红苹果个人简介网页实例效果图

8.1.2　案例分析

本案例是为 CSS 而设计的一个网页页面，案例包括了 CSS 的建立、应用以及 CSS 滤镜的使用所有知识点。案例中定义了两个 CSS，一个为 redapple，该样式表为外部样式表，可以应用在其他网页文档中。redapple 应用在本案例的"欢迎您来到红苹果之家"文本上，设置了类型、背景及扩展三个分类中的一些属性。另一个样式表为 apple，应用在"个人简历"等的项目列表字段上，是内部样式表，只能应用于本网页文档中，设置了类型及列表两个分类中的一些属性。

8.1.3 案例实现

1) 创建一个新网页，将其保存为 css. html。

2) 插入表格，并添加图片及文字，如图 8-2 所示。

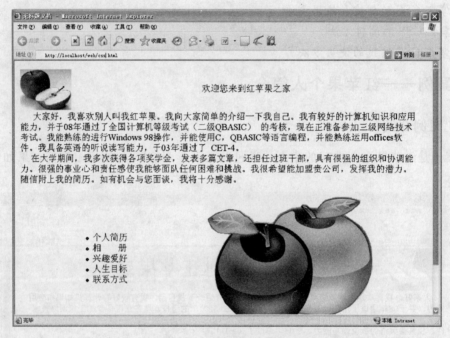

图 8-2 未添加 CSS 的网页

3) 设置"欢迎您来到红苹果之家"这段文字的 CSS 样式，样式名为 redapple。

① 选择菜单栏的【文本】→【CSS 样式】→【新建】命令。在弹出对话框中，"选择器类型"选择"类（可应用于任何标签）"项，名称设置为". redapple"，"定义在"下拉列表中选择"新建样式表文件"，如图 8-3 所示。

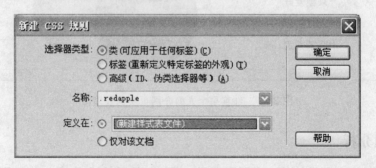

图 8-3 "新建 CSS 规则"对话框

② 单击【确定】按钮，在弹出的"CSS 规则定义"对话框中，"分类"栏选择"类型"项，字体设置为"宋体"，粗细设置为"特粗"，如图 8 - 4 所示。

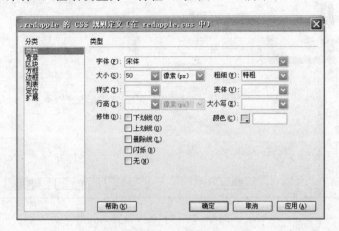

图 8 - 4　"类型"设置

③ 在"分类"栏中选择"背景"项，"背景颜色"中设置为"＃FFCC99"，如图 8 - 5 所示。

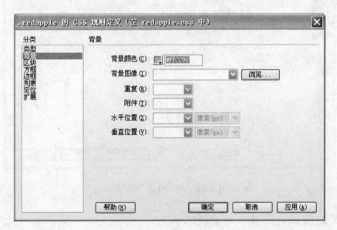

图 8 - 5　"背景"设置

④ 在"分类"栏中选择"扩展"项，在"过滤器"下拉列表中，选择"Blur"并设置成"Blur（Add＝ture，Direction＝135，Strength＝10）"，如图 8 - 6 所示。

⑤ 单击【确定】按钮，完成 redapple 样式表设置。

⑥ 选择 CSS. html 网页中的"欢迎你来到红苹果之家"这段文本，选择菜单栏中的【文本】→【CSS 样式】→【redapple】命令，这样被选中的文本就应用了 CSS。

4）设置"个人简历"项目符号列表的 CSS，样式表名为 apple。

① 参照 redapple 样式中的步骤，建立 apple 样式表，在"CSS 规则定义"对话框中，设置"类型"项中的字体为"宋体"，大小为"24"。

② 在"分类"中选择"列表"，在"项目符号图像"中设置为 apple. gif，即显示的红苹果小图标，如图 8 - 7 所示。

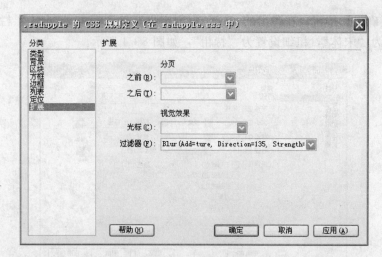

图 8-6 "扩展"设置

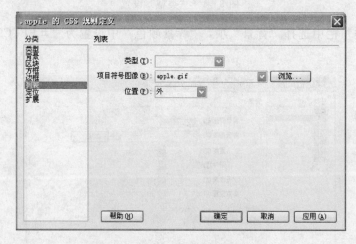

图 8-7 "列表"设置

③ 单击【确定】按钮，完成 apple 样式表。

5）选择 CSS. html 网页中的"个人简历"、"相册"等这段文本，选择菜单栏中的【文本】→【CSS 样式】→【apple】命令，这样被选中的文本就应用了 CSS。

8.2 相关知识

8.2.1 CSS 基础

CSS（Cascading Style Sheets，层叠样式表）是一种制作网页的新技术，主要用来指定布局、字体、颜色、背景以及其他一些图文元素的格式。CSS 现在已经为大多数的浏览器所支持，成为网页设计必不可少的工具之一。使用 CSS 能够简化网页的格式代码，加快下载显示的速度，也减少了需要上传的代码数量，尤其是在设计者面对有数百个网页的站点时，大大减少了重复劳动的工作量。

CSS 一般分为内部样式表文件和外部样式表文件两种类型。用内部样式表文件创建的样式只对当前文档起作用，外部样式表文件保存在外部，但可以链接到当前文档中。外部样式应用于多个文档，且生成专门的 .css 文件。

CSS 最大的优点就是它能自动更新，当应用了 CSS 后，如果不满意，仅修改 CSS 的样式即可更改所有的应用。

8.2.2 创建和应用样式表

1. 创建 CSS

1）选择菜单栏中的【窗口】→【CSS 样式】命令（快捷键为〈Shift〉+〈F11〉），打开"CSS 样式"面板。

2）单击"CSS 样式"面板中的【新建规则样式】按钮，打开"新建 CSS 样式"对话框。或者选择菜单栏中的【文本】→【CSS 样式】→【新建】命令，来打开"新建 CSS 规则"对话框，如图 8-8 所示。

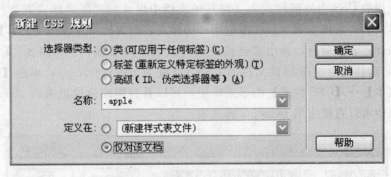

图 8-8　"新建 CSS 规则"对话框

对话框中各项功能说明如下：

① 类（可应用于任何标签）：生成一个新的样式。制作完毕后，可以在样式面板中看到制作完成的样式。在应用的时候，首先在页面中选中对象，然后选择样式即可。

② 标签（重新定义特定标签的外观）：将现有的 HTML 标签赋上样式。制作完毕后不需要选中对象就可以直接应用到页面中。

③ 高级（ID、伪类选择器等）：为具体某个标签组合或所有包含特定 ID 属性的标签定义格式。在"选择器"文本框中输入一个或多个 HTML 标签，或从下拉菜单中选择一个标签，菜单中提供的标签包含 a：active、a：hover、a：link、a：visited。其中，a：active 表示超级链接文本被激活时显示样式；a：hover 表示鼠标移动到超级链接文本时显示样式；a：link 表示正常的未被访问过的超链接文本的显示样式；a：visited 表示被访问过的超链接文本的显示样式。

④ 名称：指定 CSS 样式的名称。类名称必须以句点开头，并且可以包含任何字母和数字组合（如 .myhead1）。如果没有输入开头的句点，Dreamweaver 将自动输入它。

⑤ 定义在：指定第一个选项"新建样式表文件"时所建立的 CSS 以外部文件的方式存在，在其他文档中也可以应用该 CSS。指定第二个选项"仅对该文档"时所建立的 CSS 存在于当前文档之中，只能应用于当前文档。

3）单击【确定】按钮，弹出"CSS 规则定义"对话框，设置相应的参数后，单击【确定】按钮即完成 CSS 的建立。

2. 应用 CSS

1）在文档中，选择要应用 CSS 的文本。将插入点放在段落中以便将样式应用于整个段落。如果在单个段落中选择一个文本范围，则 CSS 只影响所选范围。若要指定要应用 CSS 的确切标签，在位于"文档"窗口左下角的标签选择器中选择标签。

2）执行下列操作之一：

① 在"CSS 样式"面板中，选择"全部"模式，右键单击要应用的样式的名称，然后从快捷菜单选择【应用】命令。

② 在文本属性检查器中，从"样式"下拉菜单中选择要应用的类样式。

③ 在"文档"窗口中，右键单击（Windows）或按住〈Ctrl〉键单击（Macintosh）所选文本，在快捷菜单中选择【CSS 样式】命令，然后选择要应用的样式。

④ 选择菜单栏的【文本】→【CSS 样式】命令，然后在子菜单中选择要应用的样式。

如果要应用的 CSS 为外部样式表（即其他文档中定义的"新建样式表文件"），则需先添加进外部样式表。具体步骤为：在需应用外部样式表的文档中，选择【文本】→【CSS 样式】→【附加样式表】命令，弹出"链接外部样式表"对话框，"如图 8-9 所示"。单击【浏览】按钮，选择需要链接到该文档的 CSS（此处为 redapple.css）；单击【确定】按钮。此时，在【文本】→【CSS 样式】的子菜单中，可以看到刚刚链接进来的"redapple"样式表。在该文档中可以直接应用 redapple 样式表。

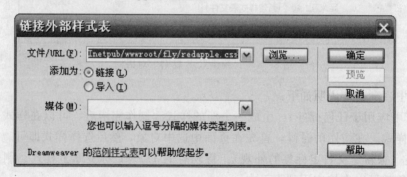

图 8-9 "链接外部样式表"对话框

3. 重命名样式

1）在"CSS 样式"面板中，右键单击要重命名的 CSS 类样式，选择【重命名类】命令。或者从"CSS 样式"面板的选项菜单中选择【重命名类】命令来重命名。

2）在"重命名类"对话框中，确保要重命名的类是在【重命名类】命令的弹出菜单中选择的类。

3）在"新建名称"文本框中，输入新类的新名称，然后单击【确定】按钮即可。

4. 从选定内容删除 CSS

1）选择要从中删除样式的对象或文本。

2）在文本属性检查器中的"样式"下拉菜单中选择"无"项。

5. 编辑 CSS

CSS 通常包含一个或多个规则。可以使用"CSS 样式"面板编辑 CSS 中的各个规则，也可以直接在 CSS 表中操作。

1）在"CSS 样式"面板中，选择"全部"模式。

2）在"所有规则"窗格中，双击要编辑的样式表的名称。

3）在"文档"窗口中，根据需要修改样式表，然后保存样式表即可。

8.2.3　定义 CSS 属性

"CSS 规则定义"对话框中的分类栏中包括"类型"、"背景"、"区块"、"方框"、"列表"、"定位"和"扩展"8 种属性。

1. 类型

1）字体：为样式设置字体系列（或多组字体系列）。浏览器使用用户系统上安装的字体系列中的第一种字体显示文本。为了与 Internet Explorer 3.0 兼容，首先列出 Windows 字体。两种浏览器（Internet Explorer 和 Netscape Navigator）都支持"字体"属性。

2）大小：定义文本大小。可以通过选择数字和度量单位选择特定的大小，也可以选择相对大小。使用像素作为单位可以有效地防止浏览器扭曲文本。两种浏览器都支持"大小"属性。

3）样式：指定"正常"、"斜体"或"偏斜体"作为字体样式，默认设置是"正常"。两种浏览器都支持"样式"属性。

4）行高：设置文本所在行的高度。习惯上将该设置称为行高。选择"正常"自动计算字体大小的行高，或输入一个确切的值并选择一种度量单位。两种浏览器都支持"行高"属性。

5）修饰：向文本中添加下划线、上划线或删除线，或使文本闪烁。常规文本的默认设置是"无"，链接的默认设置是"下划线"。将链接设置设为无时，可以通过定义一个特殊的类去除链接中的下划线。两种浏览器都支持"修饰"属性。

6）粗细：对字体应用特定或相对的粗体量。"正常"等于 400，"粗体"等于 700。两种浏览器都支持"粗细"属性。

7）变体：设置文本的小型大写字母变体，Dreamweaver 不在"文档"窗口中显示此属性。Internet Explorer 支持"变体"属性，但 Netscape Navigator 不支持。

8）大小写：将所选内容中的每个单词的首字母大写或将文本设置为全部大写或小写。两种浏览器都支持"大小写"属性。

2. 背景

1）背景颜色：设置元素的背景颜色。两种浏览器都支持"背景颜色"属性。

2）背景图像：设置元素的背景图像。两种浏览器都支持"背景图像"属性。

3）重复：确定是否以及如何重复背景图像。"不重复"只在元素开始处显示一次图像；"重复"在元素的后面水平和垂直平铺图像；"横向重复"和"纵向重复"分别显示图像的水平带区和垂直带区。图像被剪辑以适合元素的边界。两种浏览器都支持"重复"属性。

4）附件：确定背景图像是固定在其原始位置还是随内容一起滚动。注意，某些浏览器可能将"固定"选项视为"滚动"。Internet Explorer 支持该选项，但 Netscape Navigator 不支持。

5）水平位置和垂直位置：指定背景图像相对于元素的初始位置。这可以用于将背景图像与页面中心垂直和水平对齐。如果附件属性为"固定",则位置相对于"文档"窗口而不是元素。Internet Explorer 支持该属性,但 Netscape Navigator 不支持。

3. 区块

1)单词间距:设置字词的间距。若要设置特定的值,请在弹出菜单中选择"值",然后输入一个数值。在第二个弹出菜单中,选择度量单位(如像素、点等)。

2)字母间距:增加或减小字母或字符的间距。若要减小字符间距,请指定一个负值(如 −4)。字母间距设置将覆盖对齐的文本设置。Internet Explorer 4.0 和更高版本以及 Netscape Navigator 6.0 支持"字母间距"属性。

3)垂直对齐:指定应用此属性的元素的垂直对齐方式。Dreamweaver 仅在将该属性应用于〈img〉标签时,才在"文档"窗口中显示它。

4)文本对齐:设置文本在元素内的对齐方式。两种浏览器都支持"文本对齐"属性。

5)文字缩进:指定第一行文本缩进的程度。可以使用负值创建凸出,但显示方式取决于浏览器。仅当相应的标签应用于块级元素时,Dreamweaver 才会在"文档"窗口中显示此属性。两种浏览器都支持"文字缩进"属性。

6)空格:确定如何处理元素中的空格。从三个选项中进行选择:"正常",收缩空白;"保留",其处理方式与文本被括在 pre 标签中一样(即保留所有空白,包括空格、制表符和回车);"不换行",指定仅当遇到 br 标签时文本才换行。Dreamweaver 不在"文档"窗口中显示此属性。Netscape Navigator 和 Internet Explorer 5.5 支持"空格"属性。

7)显示:指定是否以及如何显示元素。"无"指定到某个元素时,它将禁用该元素的显示。

4. 方框

1)宽和高:设置元素的宽度和高度。

2)浮动:设置其他元素(如文本、AP Div、表格等)围绕元素的哪个边浮动。其他元素按通常的方式环绕在浮动元素的周围。两种浏览器都支持"浮动"属性。

3)清除:定义不允许 AP 元素的边。如果清除边上出现 AP 元素,则带清除设置的元素将移到该元素的下方。两种浏览器都支持"清除"属性。

4)填充:指定元素内容与元素边框之间的间距(如果没有边框,则为边距)。取消选择"全部相同"选项可设置元素各个边的填充。

5)全部相同:为应用此属性的元素的"上"、"右"、"下"和"左"设置相同的填充属性。

6)边距:指定一个元素的边框与另一个元素之间的间距(如果没有边框,则为填充)。仅当该属性应用于块级元素(段落、标题、列表等)时,Dreamweaver 才会在"文档"窗口中显示它。取消选择"全部相同"可设置元素各个边的边距。

5. 边框

1)样式:设置边框的样式外观,样式的显示方式取决于浏览器。Dreamweaver 在"文档"窗口中将所有样式呈现为实线,取消选择"全部相同"可设置元素各个边的边框样式。两种浏览器都支持"样式"属性。

2)"样式"中全部相同:为应用此属性的元素的"上"、"右"、"下"和"左"设置相同的边框样式属性。

3）宽度：设置元素边框的粗细，取消选择"全部相同"可设置元素各个边的边框宽度。两种浏览器都支持"宽度"属性。

4）"宽度"中全部相同：为应用此属性的元素的"上"、"右"、"下"和"左"设置相同的边框宽度。

5）颜色：设置边框的颜色。可以分别设置每条边的颜色，但显示方式取决于浏览器。取消选择"全部相同"可设置元素各个边的边框颜色。

6）"颜色"中相同：为应用此属性的元素的"上"、"右"、"下"和"左"设置相同的边框颜色。

6. 列表

1）类型：设置项目符号或编号的外观。两种浏览器都支持"类型"属性。

项目符号图像：使用户可以为项目符号指定自定义图像。单击【浏览】按钮（Windows）或【选择】按钮（Macintosh）通过浏览选择图像，或键入图像的路径。

2）位置：设置列表项文本是否换行并缩进（外部）或者文本是否换行到左边距（内部）。

7. 定位

1）类型：确定浏览器应如何来定位选定的元素。其中，"绝对"项使用"定位"框中输入的、相对于最近的绝对或相对定位上级元素的坐标（如果不存在绝对或相对定位的上级元素，则为相对于页面左上角的坐标）来放置内容。"相对"项使用"定位"框中输入的、相对于区块在文档文本流中的位置的坐标来放置内容区块。例如，若为元素指定一个相对位置，并且其上坐标和左坐标均为 20px，则将元素从其在文本流中的正常位置向右和向下移动 20px。也可以在使用（或不使用）上坐标、左坐标、右坐标或下坐标的情况下对元素进行相对定位，以便为绝对定位的子元素创建一个上下文。"固定"项使用"定位"框中输入的坐标（相对于浏览器的左上角）来放置内容。当用户滚动页面时，内容将在此位置保持固定。"静态"项将内容放在其在文本流中的位置，这是所有可定位的 HTML 元素的默认位置。

2）显示：确定内容的初始显示条件。如果不指定可见性属性，则默认情况下内容将继承父级标签的值。body 标签的默认可见性是可见的。其中，"继承"项（默认）继承内容的父级可见性属性。"可见"项将显示内容，而与父级的值无关。"隐藏"项将隐藏内容，而与父级的值无关。

3）Z 轴：确定内容的堆叠顺序。Z 轴值较高的元素显示在 Z 轴值较低的元素（或根本没有 Z 轴值的元素）的上方。值可以为正，也可以为负。如果已经对内容进行了绝对定位，则可以轻松使用"AP 元素"面板来更改堆叠顺序。

4）溢出：确定当容器（如 DIV 或 P）的内容超出容器的显示范围时的处理方式。这些属性按以下方式控制扩展，其中"可见"项将增加容器的大小，以使其所有内容都可见，容器将向右下方扩展。"隐藏"项保持容器的大小并剪辑任何超出的内容，不提供任何滚动条。"滚动"项将在容器中添加滚动条，而不论内容是否超出容器的大小。明确提供滚动条可避免滚动条在动态环境中出现和消失所引起的混乱。该选项不显示在"文档"窗口中。"自动"项将使滚动条仅在容器的内容超出容器的边界时才出现。该选项不显示在"文档"窗口中。

5）定位：指定内容块的位置和大小。浏览器如何解释位置取决于"类型"设置。如果内容块的内容超出指定的大小，则将改写大小值。位置和大小的默认单位是像素。还可以指定以下单位：pc（皮卡）、pt（点）、in（英寸）、mm（毫米）、cm（厘米）、em（全方）、（ex）或 ％（父级值的百分比）。缩写必须紧跟在值之后，中间不留空格，如"3mm"。

6）剪辑：定义内容的可见部分。如果指定了剪辑区域，可以通过脚本语言（如JavaScript）访问它，并操作属性以创建像擦除这样的特殊效果。使用"改变属性"行为可以设置擦除效果。

8. 扩展

1）分页：在打印期间在样式所控制的对象之前或者之后强行分页。在下拉菜单中选择要设置的选项。此选项不受任何 4.0 以上版本浏览器的支持。

2）光标：当指针位于样式所控制的对象上时改变指针图像。在弹出菜单中选择要设置的选项。Internet Explorer 4.0 和更高版本以及 Netscape Navigator 6.0 支持该属性。

3）过滤器：对样式所控制的对象应用特殊效果（包括模糊和反转）。从下拉菜单中选择一种效果。过滤器中包括很多特殊的效果，各类效果及参数说明如下：

① Alpha：透明效果。可以使图像呈现出透明效果，共有七种参数。opacity 为不透明度，范围是 0～100，0 表示完全透明，100 表示完全不透明；Finishopacity 为结束时的不透明度，它用来设定图像结束时的不透明度，利用它可以制作出透明渐进的效果，取值范围同opacity；Style 为样式，用来指定图像渐变的类型，0 表示没有渐变，1 表示直线渐变，2 表示圆形渐变，3 表示矩形渐变；startX 和 startY 表示渐变开始的 X、Y 坐标值；finishX 和finishY 表示渐变结束的 X、Y 坐标值。

② BlendTrans：渐隐渐现效果。它可以使图像呈现出淡入淡出的特效，参数 duration用来设定渐隐渐现的时间，以秒为单位。

③ Blur：动感模糊效果。让图像产生移动模糊的效果，参数 add 表示是否在运动模糊中使用原有的目标，0 表示"否"，1 表示"是"；Direction 即模糊移动的角度，范围是 0～360 度；Strength 为图像模糊的力度，单位是像素，取自然数。

④ Chroma：色度。它用来把图像中的某种颜色变成透明的。参数 color 用来指定产生透明的颜色，可设置为 Hex 格式（即＃RRGGBB 型）或通用的英文名称，如 red（红色）。

⑤ Dropshadow：下拉阴影效果。参数 color 指定阴影的颜色，格式同上；offX 指阴影在水平方向上的偏移值，正数表示阴影在图像的右方，负数表示阴影在图像的左方；offY指阴影在垂直方向上的偏移值，正数表示阴影在图像的上方，负数表示阴影在图像的下方。positive 表示阴影的透明度，0 表示透明像素生成阴影，1 表示不透明像素生成阴影。

⑥ FlipH：水平翻转。使图像在水平方向上产生翻转。

⑦ FlipV：垂直翻转。使图像在垂直方向上产生翻转。

⑧ Glow：光晕效果。使图像周围按选定的颜色产生光晕效果，参数 lcolor 产生光晕的颜色；lstrength 呈放射幅度，范围是 1～255，数字越大光晕效果越强烈。

⑨ Gray：黑白效果。将彩色图像转变为黑白图像，图像中的色彩以灰度级别显示。

⑩ Invert：反转效果。逆转图像颜色，也就是把图像中的色彩和亮度反转显示。

⑪ Light：灯光效果。将图像中的所有可见像素变成黑色。

⑫ Mask：蒙版效果。把图像中的所有可见像素遮罩变成透明，而其他的部分以指定的颜色填充，它的参数 color 就是用来指定遮罩的颜色的。

⑬ Shadow：阴影效果。它产生的效果介于光晕和下拉阴影之间，有渐进效果，立体感

很强。参数 color 指定阴影的颜色；direction 设置阴影的方向，范围是 0～360 度。

⑭ Wave：波浪效果。让图像产生波浪一样的变形效果。以前只有 Java 小程序才能实现这样的效果。参数 add 表示是否显示原图像，0 表示不显示，1 表示显示，也就是原图像出现在最后的效果中；freq 指波形扭曲的次数；ightstrength 指光照的强度，范围是 0～100，0 表示最弱，100 表示最强；Phase 指波形的形状，范围是 0～360；Strength 指波形的振幅，取自然数。

⑮ Xray：X 光透视效果。产生像平时拍照的 X 光片一样的图像效果，相当于先用灰度功能去掉色彩信息，然后再将其反转。

⑯ RevealTrans：图像转换显示效果。它包含了 24 种图像效果，参数 duration 用来定义图像转换的时间，以秒为单位；ransition 指定图像转换的类型，共有 24 种。

习　　题

1. CSS 的作用是什么？
2. 如何创建 CSS？
3. 如何应用外部样式表？

第 9 章 表 单 应 用

学习目标：

1）了解表单的作用。

2）掌握表单及表单对象的创建和使用方法。

9.1 案例——中国计算机学会学生会员申请注册网页

9.1.1 案例介绍

本案例是中国计算机学会学生会员注册页面，用于学生网上申请注册成为中国计算机学会会员时，注册信息的输入和提交，实例效果如图 9-1 所示。

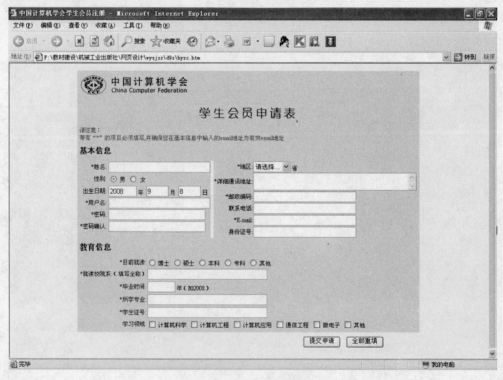

图 9-1 中国计算机学会学生会员注册网页实例效果图

9.1.2 案例分析

本案例是一个典型的表单应用实例，用到的知识点主要有表单和表格。利用表格实现页面布局，利用表单及各类表单对象如文本域、密码域、复选框、单选按钮、列表框、命令按钮等实现各类注册信息的输入和提交等。

9.1.3 案例实现

1）创建一个新网页，将其保存为 yhzc. htm。

2）单击"插入"工具栏的"表单"选项卡，单击【表单】按钮，在网页中创建表单域，如图 9-2 所示。

图 9-2 【表单】按钮

3）在表单域中插入一个 7 行 1 列表格，用于文本和表单对象的布局。为了美观，表格居中，背景颜色设为"#c0f5be"，网页背景颜色设为"#eeffee"。在第 5 行再嵌套两个 6 行 2 列表格，在第 7 行嵌套一个 6 行 2 列表格，在表格下一行再插入一个 1 行 1 列表格，设置相应的属性，效果如图 9-3 所示。

图 9-3 利用表格实现布局

4）在对应位置插入相应的图片或文本，并设置合适的格式，如图 9-4 所示。

5）单击"姓名"项右边的单元格，将鼠标定位于姓名右边的单元格中，单击"表单"选项卡上的【文本区域】按钮，在鼠标所在位置创建一个"文本域"表单对象。选中"文本域"对象，在属性面板中设置该对象的相应属性，如图 9-5 所示。用同样的方法，在页面的对应位置创建相应的表单对象并设置属性。

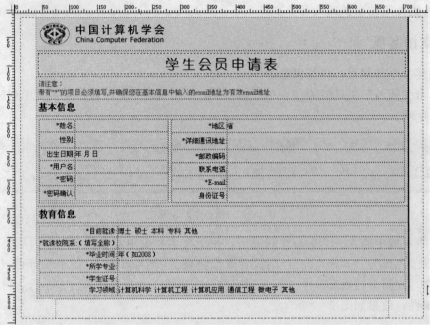

图 9-4 在表格对应位置插入相应的图片或文字

图 9-5 文本域的属性面板

图 9-6 最后设计界面

其中，"姓名"、"出生日期"、"用户名"、"邮政编码"、"联系电话"、"E-mail"、"身份证号"、"就读院校系"、"毕业时间"、"所学专业"、"学生证号"项对应的是文本域，"密码"、"密码确认"项对应的是密码域，"性别"、"目前就读"项对应的是单选按钮，"地区"是列表框，"详细通讯地址"是多行文本域，"学习领域"对应的是复选框。

6）在最下边的 1 行 1 列表格中插入两个命令按钮，一个提交按钮，一个重置按钮，并设置相应属性。

7）制作完毕，保存网页文件。最后设计界面如图 9-6 所示。

9.2 相关知识

9.2.1 创建和使用表单

1. 创建表单域

表单是 Internet 用户同服务器进行信息交流的最重要工具。通常，一个表单中会包含多个对象，有时它们也被称为控件，如用于输入文本的文本域、用于发送命令的按钮、用于选择项目的单选按钮和复选框，以及用于显示选项列表的列表框等。

在网页中添加表单对象，首先必须创建表单。每个表单都是由一个表单域和若干表单对象组成的，所有的表单对象要放到表单域中才会有效。因此，制作表单的第一步是创建表单域。

1）可以通过选择菜单栏中的【插入】→【表单对象】命令来插入表单域对象，或者通过"插入"工具栏的"表单"选项卡来插入表单域对象。

2）用鼠标选中表单，在属性面板上可以设置表单的各项属性，如图 9-7 所示。

图 9-7　表单属性面板

① 表单名称：用来设置这个表单的名称。为了正确地处理表单，一定要给表单设置一个名称。

② 动作：用来设置处理这个表单的服务器端脚本的路径。例如，这里希望该表单通过 E-mail 地址，则输入"mailto：chitz@126.com"，表示把表单中的内容发送到作者的电子邮箱中。

③ 目标：设置表单被处理后，反馈网页默认的打开方式，下拉菜单中有 4 个选项——"_blank"、"_parent"、"_self"和"_top"。反馈网页默认的打开方式是在原窗口里打开。如果选择"_blank"，则反馈网页将在新开窗口里打开；选择"_parent"，则反馈网页将在父窗口里打开；选择"_self"，则反馈网页将在原窗口里打开；选择"_top"，则反馈网页将在顶层窗口里打开。

④ 方法：设置将表单数据发送到服务器的方法，有 3 个选项：默认、POST 和 GET。

如果选择"默认"或"GET"，则将以 GET 方法发送表单数据，把表单数据附加到请求 URL 中发送；如果选择"POST"，则将以 POST 方法发送表单数据，把表单数据嵌入到

HTTP请求中发送。一般情况下应该选择"POST"。

2. 设置表单可见属性

表单在浏览网页中属于不可见元素。在 Dreamweaver CS3 中插入一个表单，当页面处于"设计"视图中时，用红色的虚轮廓线指示表单。如果没有看到此轮廓线，可通过选择菜单栏中的【查看】→【可视化助理】→【不可见元素】命令来设置表单的可见属性。

9.2.2 创建文本域

1. 单行文本域和密码域

在表单的文本域中，可以输入任何类型的文本、数字或字母。输入的内容可以单行显示，也可以多行显示。并且，还可以将密码以星号形式显示。

1）将鼠标定位于要添加文本域的位置。

2）在"插入"工具栏的"表单"选项卡中单击【文本字段】按钮，在鼠标所在位置插入文本域。

文本域对应的属性面板如图9-8所示。选中文本域，打开属性面板，可以设置文本域的属性。

图9-8　文本域属性面板

① 文本域：设置所选文本框的名称。

② 字符宽度：设置所选文本框的长度，可输入数值。例如，输入"30"，则文本框的长度能显示 30 个字节的字符，或者能显示 15 个汉字。

③ 最多字符数：设置所选文本框能输入的最大字符数，可输入数值。例如，输入"10"，则文本框最多能输入 10 个字节的字符，或者最多能输入 5 个汉字。

④ 初始值：设置所选文本框被显示时的初始文本。

在文本域属性面板中的"类型"后选择"密码"单选按钮，则文本框将转换成密码文本域，其中的内容在输入和显示时任何内容均以字符"*"显示。

2. 多行文本域

多行文本域也称文本区域，创建多行文本域有两种方法：

1）在"插入"工具栏的"表单"选项卡中单击【文本区域】按钮，在鼠标所在位置插入文本区域。

2）先在鼠标所在位置插入文本域，然后在文本域属性面板中的"类型"后选择"多行"单选按钮，则文本框将转换成多行文本域。

多行文本域的属性面板如图9-9所示，可以设置不同的项目。

① 行数：设置所选文本域显示的行数，可输入数值。

② 换行：设置文本框中输入文本的换行方式，有 4 个选项——"默认"、"关"、"虚拟"和"实体"。如果选择"默认"或"虚拟"，则在文本区域中设置自动换行，当访问者输入的内容超过文本区域的右边界时，文本自动换行到下一行；当提交数据进行处理时，自动换行

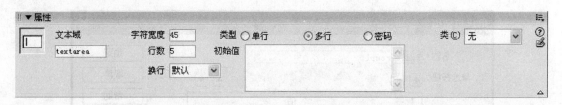

图9-9 多行文本域属性面板

并不应用到数据中，数据作为一个数据字符串进行提交。如果选择"关"，则防止文本域中文本换行到下一行，当访问者输入的内容超过广西区域的右边界时，文本将向左侧滚动。如果选择"实体"，则在文本区域中设置自动换行，当提交数据进行处理时，也对这些数据设置自动换行。

9.2.3 创建单选按钮和复选框

1. 单选按钮和单选按钮组

单选按钮作为一个组使用，提供彼此排斥的选项值，用来让浏览者在一组选项中进行唯一选择。

插入单选按钮的步骤如下：

1）将鼠标定位在要添加单选按钮的位置。

2）在"插入"工具栏的"表单"选项卡中单击【单选按钮】按钮，在鼠标所在位置插入单选按钮。选中单选按钮，打开对应的属性面板如图9-10所示，可以设置单选按钮的属性。

图9-10 单选按钮属性面板

① 单选按钮：设置所选单选按钮的名称。

② 选定值：设置这个单选按钮的值。

③ 初始状态：设置这个单选按钮的初始状态，有两个选项——"已勾选"和"未选中"。如果选择"已勾选"，则这个单选按钮初始便处于选中状态。

另外，使用"单选按钮组"对话框，可以一次插入一组单选按钮。插入单选按钮组的步骤如下：

1）将鼠标定位在要添加单选按钮组的位置。

2）在"插入"工具栏的"表单"选项卡中单击【单选按钮组】按钮，弹出"单选按钮组"对话框，如图9-11所示。

在"单选按钮组"对话框中，中间的选框里列有这个单选按钮组所包含的所有单选按钮，每一行代表一个单选按钮。"标签"用来设置单选按钮的文字说明，"值"用来设置单选按钮的值。单击【＋】按钮，可以为单选按钮组添加一个新的单选按钮；单击【－】按钮，可以删除在中间的选框里选中的那个单选按钮；单击向上或向下的箭头按钮，可以对单选按

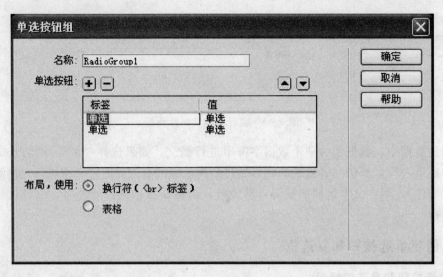

图 9-11　"单选按钮组"对话框

钮组所包含的单选按钮进行排序。

"布局，使用"用来设置单选按钮的换行方式，有两个选项——"换行符"和"表格"。如果选择"换行符"，则单选按钮在网页中直接换行；如果选择"表格"，则 Dreamweaver CS3 自动插入表格来安排单选按钮的换行。

注意：同一组内的单选按钮名称（即 name 属性）必须相同。

2. 复选框

复选框对每个单独的响应进行"关闭"和"打开"状态切换，因此，用户可以从复选框组中选择多个选项。插入复选框的步骤如下：

1）将鼠标定位在要添加复选框的位置。

2）在"插入"工具栏的"表单"选项卡中单击【复选框】按钮，在鼠标所在位置插入复选框。

复选框对应的属性面板如图 9-12 所示，可以设置复选框的属性。

图 9-12　复选框属性面板

① 复选框名称：设置所选复选框的名称。

② 选定值：设置复选框的值。

③ 初始状态：设置复选框的初始状态，有两个选项——"已勾选"和"未选中"。如果选择"已勾选"，则这个复选框初始便处于选中状态；如果选择"未选中"，则这个复选框初始处于未选中状态。

注意：在一个网页中，不同的复选框应该具有不同的名称。

9.2.4 创建列表和菜单

列表和菜单的功能与复选框和单选按钮的功能差不多，都可以列举很多选项供浏览者选择，其最大的优点就是可以在有限有空间内为用户提供更多的选项，非常节省版面。其中，列表提供一个滚动条，它使用户可浏览许多项，并进行多重选择；下拉式菜单默认仅显示一个项，该项为活动选项，用户单击打开菜单但只能选择其中的一项。创建列表和菜单的步骤如下：

1）将鼠标定位在要添加列表的位置。

2）在"插入"工具栏的"表单"选项卡中单击【列表/菜单】按钮，在鼠标所在位置插入列表/菜单。

在属性面板上的"类型"后选择"列表"单选按钮，则创建的是列表，列表属性面板如图 9 - 13 所示。

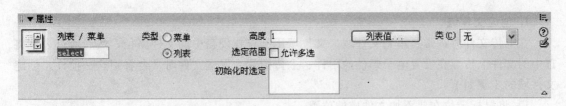

图 9 - 13　列表属性面板

① 列表/菜单：设置所选列表的名称。

② 单击【列表值】按钮，弹出"列表值"对话框，如图 9 - 14 所示。在该对话框中，中间的选框里列有这个列表所包含的所有选项，每一行代表一个选项。"项目标签"用来设置每个选项所显示的文本，"值"设置的是选项的值。

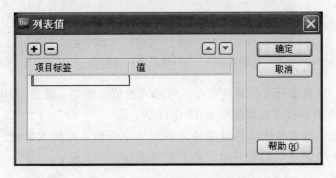

图 9 - 14　"列表值"对话框

单击【＋】按钮，可以为列表添加一个新的选项；单击【－】按钮，可以删除在中间的和选框里选中的那个选项；单击向上或向下的箭头按钮，可以为列表的选项排序。

③ 初始化时选定：选择列表在浏览器里显示的初始值。

④ 高度：设置列表的高度。例如，填入"8"，则列表在浏览器中显示为 8 个选项的高度。

如果选中"允许多选"复选框，则这个列表允许被多选；如果取消对"允许多选"复选框的选择，则这个列表只允许被单选。

如果在列表/菜单对应的属性面板上的"类型"后选择"菜单"单选按钮，那么创建的就是菜单，属性面板如图 9-15 所示。由于菜单只有一个活动选项，并且只能选择一项，所以在菜单属性面板上"高度"和"允许多选"浅色显示，不可用。

图 9-15　菜单属性面板

9.2.5　创建文件域和图像域

1. 创建文件域

在上传文件时，常要用到文件域。文件域用于查找硬盘中的文件路径，然后通过表单将选中的文件上传。在设置电子邮件的附件、上传图片、发送文件时常会看到这一控件。创建文件域的步骤如下：

1）将鼠标定位在要添加文件域的位置。

2）在"插入"工具栏的"表单"选项卡中单击【文件域】按钮，在鼠标所在位置插入文件域。

文件域及文件域对应的属性面板如图 9-16 所示，可以设置文件域的属性。

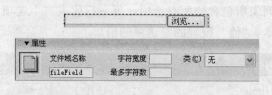

图 9-16　文件域及文件域属性

① 字符宽度：设置所选文件域的长度，可输入数值。例如，输入"30"，则文件域的长度能显示 30 个字节的字符，或者能显示 15 个汉字。

② 最多字符数：设置所选文件域能输入的最大字符数，可输入数值。例如输入"10"，则文本框最多能输入 10 个字节的字符，或者最多能输入 5 个汉字。

2. 创建图像域

图像域常用于创建特殊效果的按钮中，注意它实现的是提交按钮的功能，因此也常称为"图像提交按钮"。使用图像域比提交按钮要更生动，不过它只能代替提交按钮。创建图像域的步骤如下：

1）将鼠标定位在要添加图像域的位置。

2）在"插入"工具栏的"表单"选项卡中单击【图像域】按钮，弹出"选择图像源文件"对话框，如图 9-17 所示。选择好图像文件后，单击【确定】按钮，在鼠标所在位置插入图像域。

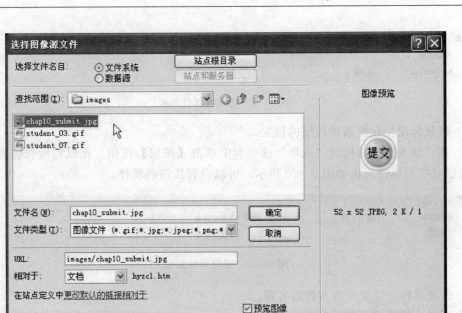

图 9-17 "选择图像源文件"对话框

图像域对应的属性面板如图 9-18 所示,可以设置图像域的属性。

图 9-18 图像域属性面板

① 图像区域:设置所选图像域的名称。

② 源文件:设置图像文件的 URL。

③ 替换:设置图像文件替换文字。

9.2.6 创建隐藏域和按钮

1. 创建隐藏域

隐藏域在页面中对于用户是看不见的,它用于储存一些信息,以利于被处理表单的程序所使用,所以隐藏域一般用在动态网页中。创建隐藏域的步骤如下:

1)将鼠标定位在要添加隐藏域的位置。

2)在"插入"工具栏的"表单"选项卡中单击【隐藏域】按钮,在鼠标所在位置插入隐藏域。

隐藏域对应的属性面板如图 9-19 所示,可以设置隐藏域的属性。

① 隐藏区域:设置所选隐藏域的名称。

② 值:设置隐藏域的值。

2. 插入按钮

按钮的作用是当用户单击后,执行一定的任务。常见的有提交表单、重置表单等。浏览者在网上申请 E-mail、QQ、会员等注册时,常会见到这种情况。插入按钮的步骤如下:

图 9-19　隐藏域属性面板

1）将鼠标定位在要添加按钮的位置。

2）在"插入"工具栏的"表单"选项卡中单击【按钮】按钮，在鼠标所在位置插入按钮。按钮对应的属性面板如图 9-20 所示，可以设置按钮的属性。

图 9-20　按钮属性面板

① 按钮名称：设置所选按钮的名称。

② 动作：设置访问者单击按钮将产生的动作，有 3 个选项——"提交表单"、"无"和"重设表单"。如果选择"提交表单"，则访问者单击按钮将提交这个表单；如果选择"无"，则访问者单击按钮将不产生任何动作；如果选择"重设表单"，则访问者单击按钮将重设这个表单，把表单各对象的值恢复到初始状态。

③ 值：设置按钮上显示的文本。

9.2.7　表单和表单对象的 HTML 标记

1. 表单标记

要创建表单，需要使用〈form〉和〈/form〉标记，在它们之间的一切都属于表单的内容。其语法格式如下：

〈form name = 表单名 action = 表单处理程序或网页 method ="get"或"post" target = 目标窗口的打开方式 enctype = MIME 类型〉

表单内容

〈/form〉

2. 表单对象标记

（1）文本框

〈input type = "text" name = 控件名称 size = 控件长度　maxlength = 最长输入字符数 value = 初始值〉

（2）密码文本框

〈input type ="password" name = 控件名称 size = 控件长度　maxlength = 最长输入字符数 value = 初始值〉

（3）多行文本框

〈textarea name = 控件名称 value = 初始值 rows = 行数 cols = 列数〉〈/textarea〉

（4）单选按钮

〈input type ="radio" name = 控件名称 value = 单选按钮的取值 checked〉

（5）复选框

〈input type ="checkbox" name = 控件名称 value = 复选框的值 checked〉

（6）列表与菜单

〈select name = 控件名称 size = 显示的项数 multiple〉

　　〈option value = 选项值 1 selected〉显示内容 1〈/option〉

　　〈option value = 选项值 2〉显示内容 2〈/option〉

　　……

　　〈option value = 选项值 n〉显示内容 n〈/option〉

〈/select〉

注意：菜单没有"size = 显示的项数"和"multiple"属性。

（7）按钮

提交按钮：〈input type = "submit" name = 控件名称 value = 按钮值〉

重置按钮：〈input type = "reset" name = 控件名称 value = 按钮值〉

普通按钮：〈input type = "button" name = 控件名称 value = 按钮值 onclick = 处理程序〉

（8）图像域、隐藏域和文件域

图像域：〈input type = "image" src = 图像文件地址 name = 控件名称〉

隐藏域：〈input type = "hidden" name = 控件名称 value = 提交的值〉

文件域：〈input type = "file" name = 控件名称〉

习　　题

一、填空题

1. 创建表单对象时，必须首先创建_____，然后在该区域内插入其他对象。

2. 同一组的单选按钮名称必须_____。

3. 在同一个网页内，不同复选框的名称应该_____。

4. 列表框与菜单的区别是_____和_____。

5. 在应用表单时，往往利用_____对表单对象进行排版布局，方法是先创建_____，再在该区域内插入_____并进行适当的调整，最后在相应单元格中创建表单对象。

二、上机操作

上网查看分析网易通行证邮箱申请页面（http：//reg. 163. com/reg0. shtml）并进行仿照制作。

第10章 使用行为和JavaScript创建特效网页

学习目标：

1）了解行为的概念。
2）掌握各种行为的使用方法。
3）掌握JavaScript创建网页特效的方法。

10.1 案例1——制作脸谱游戏

10.1.1 案例介绍

本案例是制作一个脸谱游戏。游戏开始前，提供三国演义中的部分人物脸谱；开始游戏后，脸谱可以自由移动，游戏者可将脸谱拖动到对应的名字下面，或者可以重新开始游戏；游戏完成后，可查看帮助查看游戏结果。该案例包括两个页面face.html以及help.html。实例效果如图10-1~图10-3所示。

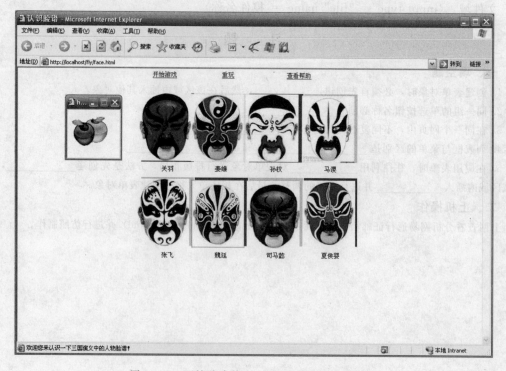

图10-1 开始游戏前face.html页面浏览效果图

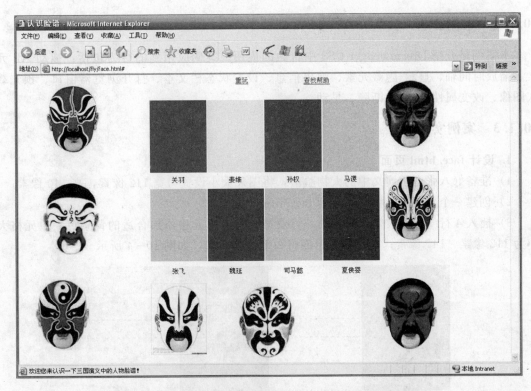

图 10 - 2　开始游戏时脸谱排列后的 face. html 页面效果图

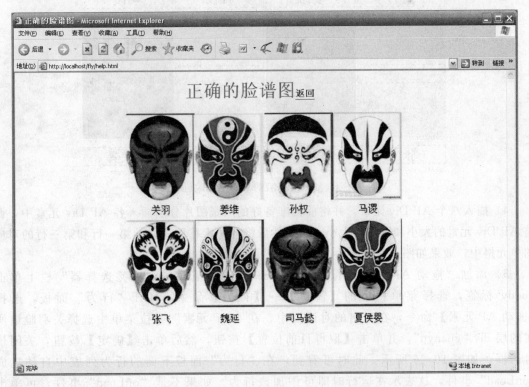

图 10 - 3　运行完后的 help. html 页面效果图

10.1.2 案例分析

本案例是介绍 Dreamweaver CS3 中行为的应用。案例应用到的行为包括：拖动 AP 元素、播放时间轴、显示-隐藏元素、弹出信息、设置状态栏文本、打开浏览器窗口、预先载入图像、改变属性、显示/渐隐、晃动。

10.1.3 案例实现

1. 设计 face. html 页面

1）准备好八张三国演义中的人物脸谱，将图片大小设置为宽 112 像素，高 140 像素。

2）创建一个新网页，将其保存为 face. html。

3）插入 4 行 4 列的表格，并为第一行及第三行各单元格添加合适的背景色，单元格大小为 112 像素×140 像素；在二行和第四行写上人物姓名，如图 10 - 4 所示。

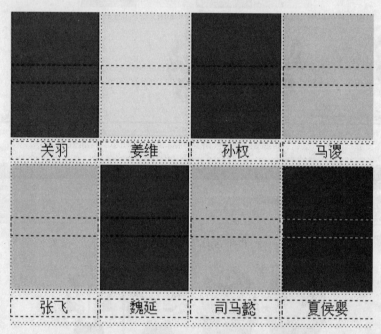

图 10 - 4　插入表格后的 face. html 页面效果

4）插入八个 AP Div 元素，并将前面准备好的八张图片分别插入各 AP Div 元素中，调整 AP Div 元素的大小和图片的大小一致。然后将各元素移到表格的第一行和第三行的对应的单元格中，效果如图 10 - 5 所示。

5）添加"拖动 AP 元素"行为。在 face. html 左下角的"标签选择器"栏上单击〈body〉标签，选择菜单栏中的【窗口】→【行为】命令，打开"行为"面板，选择【拖动 AP 元素】命令，在弹出的对话框中，在"AP 元素"下拉菜单中选择关羽脸谱所在的层 div "guanyu"，并单击【取得目前位置】按钮，然后单击【确定】按钮，关闭该对话框，如图 10 - 6 所示。此时可看到，在"行为"面板下面的行为列表中自动生成"onLoad"事件，这表示在运行时即可添加该行为。如果不是"onLoad"事件，可单击下拉列表按钮，将事件设置为"onLoad"。

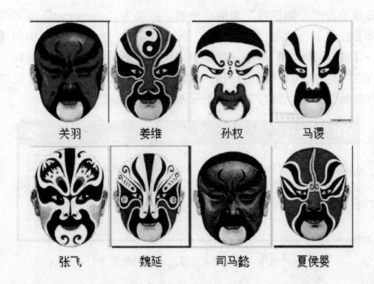

关羽　　姜维　　孙权　　马谡

张飞　　魏延　　司马懿　　夏侯婴

图 10-5　插入 AP Div 后的 face. html 页面效果

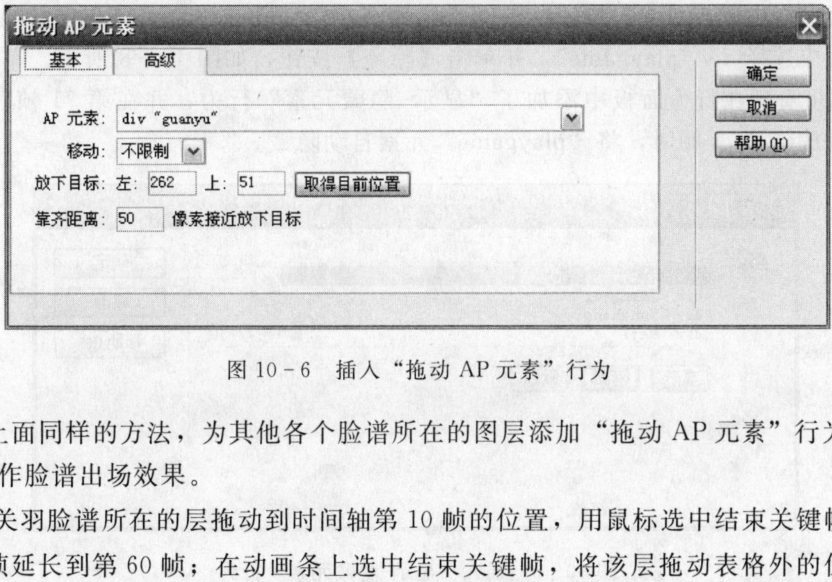

图 10-6　插入 "拖动 AP 元素" 行为

按照上面同样的方法，为其他各个脸谱所在的图层添加 "拖动 AP 元素" 行为。

6）制作脸谱出场效果。

① 将关羽脸谱所在的层拖动到时间轴第 10 帧的位置，用鼠标选中结束关键帧并按住鼠标拖动将帧延长到第 60 帧；在动画条上选中结束关键帧，将该层拖动表格外的位置，即时间轴动画的运动结束位置。为了使脸谱出场的曲线效果更好，可以在起始关键帧和结束关键帧之间的任意帧位置添加两个 "关键帧"，并移动图层所在的位置。

② 使用相同的方法，为每一个脸谱所在的层创建一个动画条，同样设置结束关键帧所在的位置，不要与前面的脸谱的位置相同，并添加中间关键帧的曲线运动效果。

7）在表格上方添加三个 AP Div 元素，分别命名为 "playgame"、"replay"、"help"；并分别在这三个元素中添加文本 "开始游戏"、"重来"、"查看帮助"。将文本 "开始游戏" 添加一个空链接；将文本 "重来" 设置链接属性为 "face. html"；将文本 "查看帮助" 设置链接属性为 "help. html"。

8）为 "playgame" 元素添加 "播放时间轴" 行为。第 6）步制作完毕后，时间轴动画不会播放，为了通过单击"开始游戏"来播放动画，需要为"playgame"元素添加"播放时间轴"行为。具体方法如下：选中"playgame"元素，单击"行为"面板中的【＋】按钮，选择【时间轴】→【播放时间轴】命令，弹出如图 10-7 所示的"播放时间轴"对话框，单击【确定】按钮。在"行为"面板的行为列表中选中"onClick"事件。此时在"行为"面板中添加了"播放时间轴"行为，该行为在单击元素"playgame"时发生。

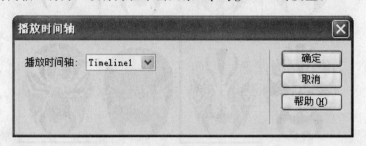

图 10-7 插入"播放时间轴"行为

9）为"playgame"元素添加"显示-隐藏元素"行为。在时间轴动画条的最后一帧的后面一帧，即第 71 帧上右击并选择【添加行为】命令，在弹出的对话框中单击【确定】按钮。在"行为"面板中单击【＋】按钮，选择【显示-隐藏元素】命令，在弹出的"显示-隐藏元素"对话框中选择 div"playgame"，并单击【隐藏】按钮，如图 10-8 所示。单击【确定】按钮，此时可看到在行为面板中添加了"显示-隐藏元素"行为，并在第 71 帧时触发该行为。动画播放到第 71 帧时，将"playgame"元素自动隐藏。

图 10-8 插入"显示-隐藏元素"行为

10）为"help"元素添加"弹出信息"行为。选中"help"元素，单击"行为"面板中的【＋】按钮，选择【弹出信息】命令，在弹出的对话框中，输入需要弹出的信息内容。如图 10-9 所示。浏览网页时，单击"查找帮助"，将弹出"请您仔细看清楚我们的脸谱！"信息。

11）添加"设计状态栏文本"行为。在 face.html 左下角的"标签选择器"中单击〈body〉标签。打开"行为"面板，单击【＋】按钮，选择【设置文本】→【设置状态栏文本】命令，弹出"设置状态栏文本"对话框，如图 10-10 所示。设置好各参数，单击【确定】按钮。在行为面板的动作列表中选择"onLoad"事件。浏览网页时，将在状态栏位置出现"欢迎你来认识三国演义中的人物脸谱！！"。

图 10-9　插入"弹出信息"行为

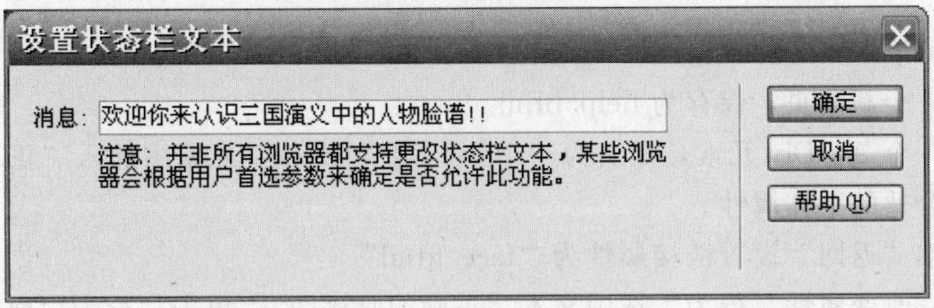

图 10-10　插入"设置状态栏文本"行为

12）添加"打开浏览器窗口"行为。在 face. html 左下角的"标签选择器"中单击〈body〉标签。打开"行为"面板，单击【＋】按钮，选择【打开浏览器窗口】命令，弹出"打开浏览器窗口"对话框，如图 10-11 所示。设置好各参数，单击【确定】按钮。在行为面板的动作列表中选择"onLoad"事件。浏览网页时，将同时打开一个大小为 100×100 窗口，显示内容为"apple. png"。

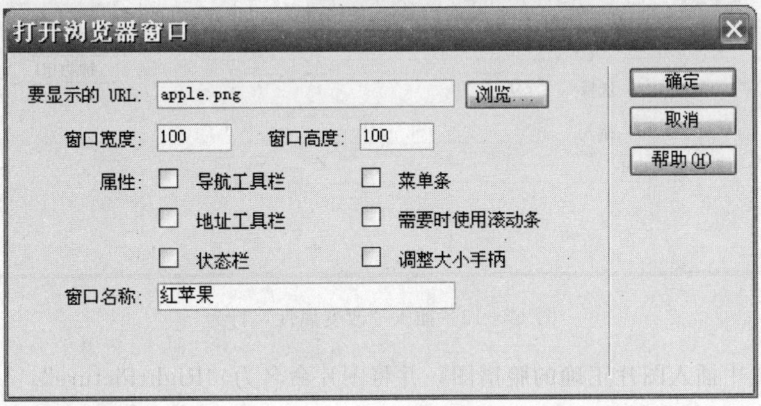

图 10-11　插入"打开浏览器窗口"行为

13）添加"预先载入图像"行为。在 face. html 左下角的"标签选择器"中单击〈body〉标签。打开"行为"面板，单击【＋】按钮，选择【预先载入图像】命令，弹出"预先载入图像"对话框，如图 10-12 所示。单击【＋】按钮，再单击【浏览】按钮，选择需要加载的图片，直到所有需要预先加载的图片都加进来，单击【确定】按钮。在"行为"面板的动作列表中选择"onLoad"事件。浏览网页时，将会预先加载这些图片，使得图片下载速度加快。

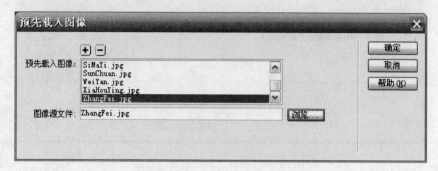

图 10-12　插入"预先载入图像"行为

2. 设计 help. html 页面

1）创建一个新网页，保存为 help. html。

2）插入一个 AP Div 元素，命名为"right"。在"right"元素中加入"正确的脸谱图返回"，并设置合适的字体属性。

3）为文本"返回"设置链接属性为"face. html"。

4）添加"改变属性"行为。选中文本"正确的脸谱图"，单击"行为"面板的【＋】按钮，选择【改变属性】命令，弹出"改变属性"对话框，如图 10-13 所示。如图设置好各参数后，单击【确定】按钮。在"行为"面板动作列表中，选择"onMouseMove"事件。浏览网页时，当鼠标移动到 AP 元素 right 时，文本"正确的脸谱图"几个字字体颜色改为红色。

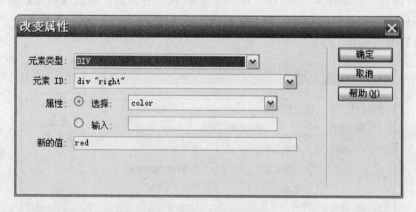

图 10-13　插入"改变属性"行为

5）在网页中插入图片正确的脸谱图，并将图片命名为"RightPicture"。

6）添加"显示/渐隐"行为。选中图片 RightPicture，单击"行为"面板的【＋】按钮，选择【效果】→【显示/渐隐】命令，弹出"显示/渐隐"对话框，如图 10-14 所示。设置好各参数后，单击【确定】按钮。在"行为"面板的动作列表中，选择该行为的动作为"onLoad"。浏览网页时，会在 2 秒内将图片 RightPicture 的透明度由 0 到 100 显示出来。

7）添加"晃动"行为。选中图片 RightPicture，单击"行为"面板的【＋】按钮，选择【效果】→【晃动】命令，弹出"晃动"对话框，如图 10-15 所示。选择"目标元素"

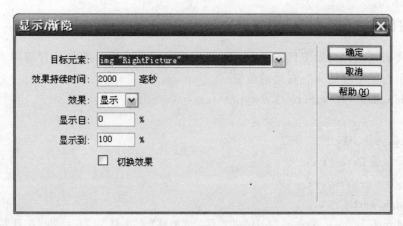

图 10 - 14　插入"显示/渐隐"行为

为 img "RightPicture"，单击【确定】按钮。在"行为"面板的动作列表中，选择该行为的动作为"onMouseMove"。浏览网页时，当鼠标移动图片上时，图片将出现晃动效果。

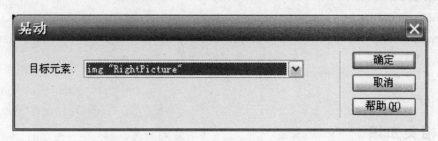

图 10 - 15　插入"晃动"行为

10.2　案例 2——在网页中显示系统日期

10.2.1　案例介绍

　　本案例介绍如何在网页的 HTML 代码中嵌入 JavaScript 代码，以实现特定的功能。JavaScript 与 HTML 标记结合在一起，弥补了 HTML 语言的不足，使得网页变得更加丰富生动。本案例效果如图 10 - 16 所示。

图 10 - 16　插入 JavaScript 代码的网页效果图

10.2.2　案例分析

　　本案例通过编写 JavaScript 代码，实现在网页上显示系统日期的功能。

10.2.3 案例实现

切换到代码视图，将如下代码段嵌入网页中需要显示系统日期的位置即可。（本案例将系统日期显示在"学院简介"右边的位置）

```
〈script language＝JavaScript1.2 type＝text/javascript〉
〈!—
var today,year,day ;
today ＝ new Date () ;
year＝today.getYear();
day＝today.getDate();
var isnMonth ＝ new Array("1月","2月","3月","4月","5月","6月","7月","8月","9月","10月","11月","12月");
var isnDay ＝ new Array("星期日","星期一","星期二","星期三","星期四","星期五","星期六","星期日");
if (document.all)
document.write(year＋"年"＋isnMonth[today.getMonth()]＋day＋"日"＋isnDay[today.getDay()])
//—〉
〈/script〉
```

10.3   相关知识

10.3.1   行为概述

行为是指设计者能够运用的制作动态网页的 JavaScript 功能，并将其放置在网页文档中，以允许浏览器与网页本身进行交互，从而以多种方式更改网页或引起某些任务的执行。如果想使用这些行为（behavior），首先要选择运用行为的对象，然后决定要发生的动作（action），还要设置动作在何种情况下发生，即事件（event）。行为是事件和由该事件触发的动作的组合体。

1. 行为基础

在"行为"面板中，可以先指定一个动作，然后指定触发该动作的事件，以此将行为添加到页面中。行为代码是客户端 JavaScript 代码，它运行在浏览器中，而不是服务器上。

实际上，事件是浏览器生成的消息，它指示该页的访问者已执行了某种操作动作。通过一段预先编写的 JavaScript 代码，将行为附加到某个页面元素之后，每当该元素的某个事件发生时，行为即会调用与这一事件关联的动作（JavaScript 代码）。

使用"行为"面板（选择菜单栏中的【窗口】→【行为】命令）可以将行为附加到页面元素（更具体地说，是附加到标签），并可以修改以前所附加行为的参数。

已附加到当前所选页面元素的行为显示在行为列表中（面板的主区域），并按事件以字母顺序列出。如果针对同一个事件列有多个动作，则会按在列表中出现的顺序执行这些动作。如果行为列表中没有显示任何行为，则表示没有行为附加到当前所选的页面元素。

"行为"面板如图 10-17 所示，包含以下项：

1）显示设置事件。仅显示附加到当前文档的那些事件。事件被分别划归到客户端或服务器端类别中，每个类别的事件都包含在可折叠的列表中。显示设置事件是默认的视图。

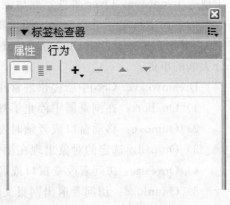

图 10-17　"行为"面板

2）显示所有事件。按字母顺序显示属于特定类别的所有事件。

3）添加行为按钮【＋】。显示特定菜单，其中包含可以附加到当前选定元素的动作。当从该列表中选择一个动作时，将出现一个对话框，可以在此对话框中指定该动作的参数。如果菜单上的所有动作都处于灰显状态，则表示选定的元素无法生成任何事件。

4）删除事件按钮【－】。从行为列表中删除所选的事件和动作。

5）向上箭头和向下箭头按钮。在行为列表中上下移动特定事件的选定动作。对于不能在列表中上下移动的动作，箭头按钮将处于禁用状态。

6）事件。显示一个弹出菜单，其中包含可以触发该动作的所有事件，此菜单仅在选中某个事件时可见（当单击所选事件名称旁边的箭头按钮时显示此菜单）。根据所选对象的不同，显示的事件也有所不同。若要选择特定的标签，使用"文档"窗口左下角的标签选择器。

括号中的事件名称只用于链接；选择其中的一个事件名称后将向所选的页面元素自动添加一个空链接，并将行为附加到该链接而不是元素本身。在 HTML 代码中，空链接以 href ="javascript：；" 表示。

7）显示事件。指定当前行为在哪个浏览器中起作用，是"事件"菜单的子菜单。在此菜单中进行的选择将确定"事件"菜单中显示哪些事件。较早的浏览器比较新的浏览器支持的事件要少，在大多数情况下，选择的目标浏览器越普通，所显示的事件就越少。例如，如果选择 3.0 或更高版本的浏览器，那么可以选择的事件仅限于那些在 Netscape Navigator 和 Microsoft Internet Explorer 3.0 版和更高版本的浏览器中可用的事件，这将是一个非常有限的事件列表。

2. 动作

动作是由预先编写的 JavaScript 代码组成的，这些代码执行特定的任务，例如打开浏览器窗口、显示或隐藏元素、拖动 AP 元素等。Dreamweaver CS3 提供的动作是由 Dream-weaver 工程师精心编写的，提供了最大的跨浏览器兼容性。通过"行为"面板可以直接将代码加入网页中。

3. 事件

事件是浏览器生成的消息，它指示该页的访问者已执行了某种操作。每个浏览器都提供一组事件，这些事件可以与单击"行为"面板的"添加行为"按钮【＋】所弹出的菜单中列出的行为相关联。当网页的访问者与页面进行交互时（例如，单击某个图像），浏览器会生成事件；这些事件可用于调用执行动作的 JavaScript 函数。Dreamweaver 提供多个可通过这些事件触发的常用动作。例如，当访问者将鼠标指针移到某个链接上时，浏览器将为该链接生成一个 onMouseOver 事件；然后浏览器检查是否应该调用某段 JavaScript 代码（在当前查看的页面中指定）进行响应。不同的页元素定义了不同的事件；例如，在大多数浏览器中，onMouseOver 和 onClick 是与链接关联的事件，而 onLoad 是与图像和文档的 body 部分关联的事件。

Dreamweaver CS3 中所提供的常用事件及涵义如下：

1) Onabort：在浏览器中停止了加载网页文档的操作时发生的事件。

2) Onmove：移动窗口或者帧时发生的事件。

3) Onload：选定的对象出现在浏览器上时发生的事件。

4) Onresize：访问者改变窗口或者帧的大小时发生的事件。

5) Onunload：访问者退出网页文档时发生的事件。

6) Onclick：用鼠标单击选定元素的一瞬间发生的事件。

7) Onblur：用鼠标指针移动到窗口或帧外部，即在这种非激活状态下发生的事件。

8) Ondragdrop：拖动并放置选定元素的那一瞬间发生的事件。

9) Onfocus：鼠标指针移动到窗口或者帧上，即激活之后发生的事件。

10) Onmousedown：单击鼠标右键的一瞬间发生的事件。

11) Onmousemove：鼠标指针经过选定元素上方时发生的事件。

12) Onmouseout：鼠标指针经过选定元素之外时发生的事件。

13) Onmouseover：鼠标指针位于选定元素上方时发生的事件。

14) Onmouseup：单击鼠标右键，然后释放时发生的事件。

15) Onscroll：访问者在浏览器上移动滚动条的时候发生的事件。

16) Onkeydown：在键盘上按住特定键时发生的事件。

17) Onkeypress：在键盘上按特定键时发生的事件。

18) Onkeyup：在键盘上按住特定键并释放时发生的事件。

19) Onafterupdate：更新表单文档时发生的事件。

20) Onbeforeupdate：改变表单文档的项目时发生的事件。

21) Onchange：访问者修改表单文档的初始值时发生的事件。

22) Onreset：将表单文档重新设置为初始值时发生的事件。

23) Onsubit：访问者传递表单文档时发生的事件。

24) Onselect：访问者选定文本字段中的内容时发生的事件。

25) Onerror：在加载文档的过程中，发生错误时发生的事件。

10.3.2 使用 Dreamweaver CS3 内置行为

Dreamweaver 附带的行为已经过编写，可适用于新型浏览器。这些行为在较旧的浏览器中将失败，并且不会产生有任何后果。如果从 Dreamweaver 行为中手工删除代码，或将其替换为自己编写的代码，则可能会失去跨浏览器兼容性。

1.“改变属性”行为

使用“改变属性”行为可更改对象某个属性（例如 div 的背景颜色或表单的动作）的值。需要在非常熟悉 HTML 语言和 JavaScript 代码的情况下才能使用此行为。使用“改变属性”行为方法如下：

1）选择对象，然后单击"行为"面板的【＋】按钮，选择【改变属性】命令。

2）在弹出的"改变属性"对话框中，从"元素类型"菜单中选择某个元素类型，以显示该类型的所有标识的元素。

3）从"元素 ID"菜单选择一个元素。

4）从"属性"菜单中选择一个属性，或在框中输入该属性的名称。

5）在"新的值"域中为新属性输入一个新值。

6）单击【确定】按钮，验证默认事件是否正确。如果不正确，则选择另一个事件或在"显示事件"子菜单中更改目标浏览器。

2. "拖动 AP 元素"行为

"拖动 AP 元素"行为可让访问者拖动绝对定位的（AP）元素。使用此行为可创建拼板游戏、滑块控件和其他可移动的界面元素。可以指定以下内容：访问者可以向哪个方向拖动 AP 元素（水平、垂直或任意方向）；访问者应将 AP 元素拖动到的目标；当 AP 元素距离目标在一定数目的像素范围内时是否将 AP 元素靠齐到目标；当 AP 元素命中目标时应执行的操作等。使用应用拖动 AP 元素行为的方法如下：

1）选择【插入菜单栏中的记录】→【布局对象】→【AP Div】命令，或单击"插入"工具栏的"布局"选项卡中的【绘制 AP Div】按钮，并在"文档"窗口的"设计"视图中绘制一个 AP Div。

2）单击"文档"窗口左下角的标签选择器中的〈body〉。

3）单击"行为"面板的【＋】按钮，选择【拖动 AP 元素】命令。如果此命令不可用，则可能已选择了一个 AP 元素。

4）在弹出的"拖动 AP 元素"对话框中，在"AP 元素"下拉菜单中，选择此 AP 元素。

5）从"移动"下拉菜单中选择"限制"或"不限制"。不限制移动适用于拼板游戏和其他拖放游戏。对于滑块控件和可移动的布景（如文件抽屉、窗帘和小百叶窗），选择限制移动。

6）对于限制移动，在"上"、"下"、"左"和"右"框中输入值（以像素为单位）。这些值是相对于 AP 元素的起始位置的。如果限制在矩形区域中的移动，则在所有四个框中都输入正值。若要只允许垂直移动，则在"上"和"下"文本框中输入正值，在"左"和"右"文本框中输入 0。若要只允许水平移动，则在"左"和"右"文本框中输入正值，在"上"和"下"文本框中输入 0。

7）在"左"和"上"框中为拖放目标输入值（以像素为单位）。拖放目标是希望访问者将 AP 元素拖动到的点。当 AP 元素的左坐标和上坐标与"左"和"上"框中输入的值匹配时，便认为 AP 元素已经到达拖放目标。这些值是与浏览器窗口左上角的相对值。单击【取得目前位置】按钮可使用 AP 元素的当前位置自动填充这些文本框。

8）在"靠齐距离"框中输入一个值（以像素为单位）以确定访问者必须将 AP 元素拖到距离拖放目标多近时，才能使 AP 元素靠齐到目标。较大的值可以使访问者较容易找到拖放目标。

9）对于简单的拼板游戏和布景处理，到此步骤为止即可。若要定义 AP 元素的拖动控制点、在拖动 AP 元素时跟踪其移动以及在放下 AP 元素时触发一个动作，可单击"高级"

标签。

10）若要指定访问者必须单击 AP 元素的特定区域才能拖动 AP 元素，可从"拖动控制点"下拉菜单中选择"元素内的区域"；然后输入左坐标和上坐标以及拖动控制点的宽度和高度。此项适用于 AP 元素中的图像包含提示拖动元素（例如一个标题栏或抽屉把手）的情况。如果希望访问者可以通过单击 AP 元素中的任意位置来拖动此 AP 元素，则不要设置此选项。

11）如果 AP 元素在拖动时应该移动到堆叠顺序的最前面，则在"拖动时"项后选择"将元素置于顶层"。如果选择此选项，则在后面的下拉菜单中选择是将 AP 元素保留在最前面还是将其恢复到它在堆叠顺序中的原位置。

12）在"呼叫 JavaScript"框中输入 JavaScript 代码或函数名称（例如 monitorAPelement（））以在拖动 AP 元素时反复执行该代码或函数。例如，可以编写一个函数，用于监视 AP 元素的坐标并在一个文本框中显示提示（如"您正在接近目标"或"您离拖放目标还很远"）。

13）在第二个"呼叫 JavaScript"框中输入 JavaScript 代码或函数名称（例如，evaluateAPelementPos（）），可以在放下 AP 元素时执行该代码或函数。如果只有在 AP 元素到达拖放目标时才执行 JavaScript，则选择"只有在靠齐时"。

14）单击【确定】按钮，验证默认事件是否正确。如果不正确，则选择另一个事件或在"显示事件"子菜单中更改目标浏览器。

3. "转到 URL"行为

"转到 URL"行为可在当前窗口或指定的框架中打开一个新页面。此行为适用于通过一次单击更改两个或多个框架的内容。使用"转到 URL"行为的方法如下：

1）选择一个对象，然后单击"行为"面板的【+】按钮，选择【转到 URL】命令。

2）在弹出的"转到 URL"对话框中，在"打开在"列表中选择 URL 的目标。"打开在"列表自动列出当前框架集中所有框架的名称以及主窗口。如果没有任何框架，则主窗口是唯一的选项。如果存在名称为 top、blank、self 或 parent 的框架，则此行为可能产生意想不到的结果。浏览器有时会将这些名称误认为保留的目标名称。

3）单击【浏览】按钮选择要打开的文档，或在"URL"框中输入该文档的路径和文件名。

4）重复第 2）步和第 3）步，在其他框架中打开对应文档。

5）单击【确定】按钮，验证默认事件是否正确。如果不正确，则选择另一个事件或在"显示事件"子菜单中更改目标浏览器。

4. "跳转菜单"行为

使用菜单栏中的【插入】→【表单】→【跳转菜单】命令创建跳转菜单时，Dreamweaver 创建一个菜单对象并向其附加一个"跳转菜单"（或"跳转菜单转到"）行为。通常不需要手动将"跳转菜单"行为附加到对象。

通过在"行为"面板中双击现有的"跳转菜单"行为，可以编辑和重新排列菜单项，更改要跳转到的文件，以及更改这些文件的打开窗口。或者通过选择该菜单并使用"属性"检查器中的【列表值】按钮，可以在菜单中编辑这些项，就像在任何菜单中编辑项一样。

1）若文档中尚无跳转菜单对象，则创建一个跳转菜单对象。

2) 选择对象，然后单击"行为"面板的【＋】按钮，选择【跳转菜单】命令。

3) 在弹出的"跳转菜单"对话框中进行所需的更改，然后单击【确定】按钮。

5. "跳转菜单开始"行为

"跳转菜单开始"行为与"跳转菜单"行为密切关联；"跳转菜单开始"允许用户将一个【转到】按钮和一个跳转菜单关联起来（在使用此行为之前，文档中必须已存在一个跳转菜单），单击【转到】按钮打开在该跳转菜单中选择的链接。通常情况下，跳转菜单不需要一个【转到】按钮；从跳转菜单中选择一项通常会引起 URL 的载入，不需要任何进一步的用户操作。但是，如果访问者选择已在跳转菜单中选择的同一项，则不发生跳转。通常情况下这不会有多大关系，但是如果跳转菜单出现在一个框架中，而跳转菜单项链接到其他框架中的页，则通常需要使用【转到】按钮，以允许访问者重新选择已在跳转菜单中选择的项。

当将【转到】按钮用于跳转菜单时，此按钮会成为将用户"跳转"到与菜单中的选定内容相关的 URL 时所使用的唯一机制。在跳转菜单中选择菜单项时，不再自动将用户重定向到另一个页面或框架。

1) 选择一个对象作为【转到】按钮（通常是一个按钮图像），单击"行为"面板的【＋】按钮，选择【跳转菜单开始】命令。

2) 在弹出的"选择跳转菜单"对话框中，在"选择跳转菜单"下拉菜单中，选择【转到】按钮要激活的菜单，然后单击【确定】按钮。

6. "打开浏览器窗口"行为

使用"打开浏览器窗口"行为可在一个新的窗口中打开页面。可以指定新窗口的属性（包括其大小）、特性（是否可以调整大小、是否具有菜单栏等）和名称。例如，可以使用此行为在访问者单击缩略图时在一个单独的窗口中打开一个较大的图像；并可以使新窗口与该图像恰好一样大。

如果不指定该窗口的任何属性，在打开时它的大小和属性与打开它的窗口相同。指定窗口的任何属性都将自动关闭所有其他未明确打开的属性。例如，如果不为窗口设置任何属性，它将以 1024×768 的大小打开，并具有导航条（显示【后退】、【前进】、【主页】和【重新加载】按钮）、地址工具栏（显示 URL）、状态栏（位于窗口底部，显示状态消息）和菜单栏（显示"文件"、"编辑"、"查看"和其他菜单）。如果将宽度明确设置为 640、将高度设置为 480，但不设置其他属性，则该窗口将以 640×480 的大小打开，并且不具有工具栏。使用打开浏览器行为的具体方法如下：

1) 选择一个对象，单击"行为"面板的【＋】按钮，选择【打开浏览器窗口】命令。

2) 在弹出的"打开浏览器窗口"对话框中，单击【浏览】按钮并选择一个文件，或输入要显示的 URL。

3) 设置相应选项，指定窗口的宽度和高度（以像素为单位）以及是否包括各种工具栏、滚动条、调整大小手柄等一类控件。如果需要将该窗口用作链接的目标窗口，或者需要使用 JavaScript 对其进行控制，请指定窗口的名称（不使用空格或特殊字符）。

4) 单击【确定】按钮，验证默认事件是否正确。如果不正确，则选择另一个事件或在"显示事件"子菜单中更改目标浏览器。

7. "弹出消息"行为

"弹出消息"行为显示一个包含指定消息的 JavaScript 警告。因为 JavaScript 警告对话框只有一个【确定】按钮，所以使用此行为可以为用户提供信息，但不提供选择操作。应用弹出消息行为的具体方法如下：

1）选择对象，单击"行为"面板的【+】按钮，选择【弹出消息】命令。

2）在"弹出信息"对话框的"消息"框中输入需要提示的消息。

3）单击【确定】按钮，验证默认事件是否正确。如果不正确，可选择另一个事件或在"显示事件"子菜单中更改目标浏览器。

8. "预先载入图像"行为

"预先载入图像"行为可以缩短显示时间，其方法是对在页面打开之初不会立即显示的图像（例如那些将通过行为或 JavaScript 换入的图像）进行缓存。"交换图像"行为会自动预先加载在"交换图像"对话框中选择"预先载入图像"选项时所有高亮显示的图像，因此当使用"交换图像"时不需要手动添加"预先载入图像"。应用预先载入图像行为的方法如下：

1）选择一个对象，然后单击"行为"面板的"【+】按钮，选择【预先载入图像】命令。

2）在弹出的"预先载入图像"对话框中，单击【浏览】按钮，选择一个图像文件，或在"图像源文件"框中输入图像的路径和文件名。

3）单击对话框顶部的【+】按钮，将图像添加到"预先载入图像"列表中。

4）对其余所有要在当前页面预先加载的图像重复第3）步和第4）步。

5）若要从"预先载入图像"列表中删除某个图像，在列表中选择该图像，然后单击【一】按钮。

6）单击【确定】按钮，验证默认事件是否正确。如果不正确，可选择另一个事件或在"显示事件"子菜单中更改目标浏览器。

9. "设置导航栏图像"行为

使用"设置导航栏图像"行为可将某个图像变为导航栏图像，还可以更改导航条中图像的显示和动作。

使用"设置导航栏图像"对话框的"基本"选项卡可以创建或更新导航栏图像，更改用户单击导航条按钮时显示的 URL，以及选择用于显示 URL 的其他窗口。使用"高级"选项卡可设置根据当前按钮的状态改变文档中其他图像的状态。默认情况下，单击导航条中的一个元素将使导航条中的所有其他元素自动返回到它们的"一般"状态；如果要设置使鼠标指针按下所选图像或置于其上时改变某个图像的状态，应使用"高级"选项卡。

（1）编辑"设置导航栏图像"行为

1）选择导航条中的某个图像，然后选择菜单栏中的【窗口】→【行为】命令。

2）在"行为"面板中，单击【+】按钮并选择【设置导航栏图像】命令。

3）在"设置导航栏图像"对话框的"基本"选项卡中，选择编辑选项。

（2）为导航条按钮设置多个图像

1）选择要编辑的导航条中的图像，然后选择菜单栏中的【窗口】→【行为】命令。

2）在"行为"面板中，单击【+】按钮并选择【设置导航栏图像】命令。

3）单击"设置导航栏图像"对话框的"高级"选项卡。

4）在"当项目正在显示"下拉菜单中，选择一个图像状态。如果想要在一个用户单击了所选的图像之后更改另一个图像的显示外观，则选择"点击图像"；如果想要在鼠标指针处于所选图像上方时更改另一个图像的显示外观，则选择"鼠标经过图像或点击时鼠标经过图像"。

5）在"同时设置图像"列表中，选择页面上的另一个图像。

6）单击【浏览】按钮选择要显示的图像文件，或在"变成图像文件"框中键入图像文件的路径。

如果在第 4）步中选择了"鼠标经过图像或按下时鼠标经过图像"，则还会显示附加的选项。在"按下时，变成图像文件"框中，单击【浏览】按钮选择图像文件或键入图像文件的路径。

10. "设置容器的文本"行为

"设置容器的文本"行为将页面上的现有容器（可以包含文本或其他元素的任何元素）的内容和格式替换为指定的内容。该内容可以包括任何有效的 HTML 源代码。

可以在文本中嵌入任何有效的 JavaScript 函数调用、属性、全局变量或其他表达式。若要嵌入一个 JavaScript 表达式，则将其放置在大括号（{}）中；若要显示大括号，则在它前面加一个反斜杠（\ {}）。例如：

The URL for this page is {window. location}, and today is {new Date ()}.

1）选择一个对象，然后单击"行为"面板的【＋】按钮，选择【设置文本】→【设置容器的文本】命令。

2）在"设置容器文本"对话框中，在"容器"下拉菜单中选择目标元素。

3）在"新建 HTML"框中输入新的文本或 HTML。

4）单击【确定】按钮，验证默认事件是否正确。如果不正确，可选择另一个事件或在"显示事件"子菜单中更改目标浏览器。

11. "设置状态栏文本"行为

"设置状态栏文本"行为可在浏览器窗口左下角处的状态栏中显示消息。例如，可以使用此行为在状态栏中说明链接的目标，而不是显示与之关联的 URL。访问者常会忽略或注意不到状态栏中的消息（而且并不是所有的浏览器都提供设置状态栏文本的完全支持）；如果消息非常重要，则应考虑将其显示为弹出消息或 AP 元素文本。

如果在 Dreamweaver 中使用"设置状态栏文本"行为，则不能保证会更改浏览器中的状态栏的文本，因为一些浏览器在更改状态栏文本时需要进行特殊调整。例如，Firefox 需要更改"高级"选项以让 JavaScript 更改状态栏文本。有关详细信息，请参阅浏览器的文档。

可以在文本中嵌入任何有效的 JavaScript 函数调用、属性、全局变量或其他表达式。代码嵌入方式与容器文本相同。

1）选择一个对象，然后单击"行为"面板的【＋】按钮，选择【设置文本】→【设置状态栏文本】命令。

2）在"设置状态栏文本"对话框的"消息"框中键入要提示的消息。键入的消息应简明扼要，如果消息不能完全放在状态栏中，浏览器将截断消息。

3）单击【确定】按钮，验证默认事件是否正确。如果不正确，可选择另一个事件或在"显示事件"子菜单中更改目标浏览器。

12. "设置文本域文字"行为

"设置文本域文字"行为可用指定的内容替换表单文本域的内容。

可以在文本中嵌入任何有效的 JavaScript 函数调用、属性、全局变量或其他表达式。代码嵌入方式与容器文本相同。

（1）创建命名的文本域

1）选择菜单栏的【插入记录】→【表单】→【文本域】命令。如果 Dreamweaver 提示添加一个表单标签，则单击【是】按钮。

2）在属性面板中，为该文本域键入一个名称。确保该名称在页上是唯一的（不要对同一页上的多个元素使用相同的名称，即使它们在不同的表单上也应如此）。

（2）应用设置文本域文字

1）选择一个文本域，然后单击"行为"面板的【＋】按钮，选择【设置文本】→【设置文本域文字】命令。

2）从弹出的"设置文本域文字"对话框的"文本域"菜单中选择目标文本，然后输入新文本。

3）单击【确定】按钮，验证默认事件是否正确。如果不正确，可选择另一个事件或在"显示事件"子菜单中更改目标浏览器。

13. "显示-隐藏元素"行为

"显示-隐藏元素"行为可显示、隐藏或恢复一个或多个页面元素的默认可见性。此行为用于在用户与页进行交互时显示信息。例如，当用户将鼠标指针移到一个植物图像上时，可以显示一个页面元素，此元素给出有关该植物的生长季节和地区、需要多少阳光、可以长到多大等详细信息。此行为仅显示或隐藏相关元素，在元素已隐藏的情况下，它不会从页面流中实际上删除此元素。

1）选择一个对象，然后单击"行为"面板的【＋】按钮，选择【显示-隐藏元素】命令。如果【显示-隐藏元素】命令不可用，则可能已选择了一个 AP 元素。

2）从"元素"列表中选择要显示或隐藏的元素，然后单击【显示】、【隐藏】或【默认】按钮（恢复默认可见性）。

3）对其他所有要更改其可见性的元素重复步骤 2）。（可以通过单个行为更改多个元素的可见性）

4）单击【确定】按钮，验证默认事件是否正确。如果不正确，可选择另一个事件或在"显示事件"子菜单中更改目标浏览器。

14. "交换图像"行为

"交换图像"行为通过更改〈img〉标签的 src 属性将一个图像和另一个图像进行交换。使用此行为可创建鼠标经过按钮的效果以及其他图像效果（包括一次交换多个图像）。插入鼠标经过图像会自动将一个"交换图像"行为添加到网页中。

因为只有 src 属性受此行为的影响，所以应该换入一个与原图像具有相同尺寸（高度和宽度）的图像。否则，换入的图像显示时会被压缩或扩展，以使其适应原图像的尺寸。

还有一个"恢复交换图像"行为，可以将最后一组交换的图像恢复为它们以前的源文件。每次将"交换图像"行为附加到某个对象时都会自动添加"恢复交换图像"行为；如果在附加"交换图像"时选择了"恢复"选项，则不再需要手动选择"恢复交换图像"行为。

1）选择菜单栏【插入记录】→【图像】命令或单击"插入"面板的"常用"选项卡中的【图像】按钮来插入一个图像。

2）在属性面板最左边的文本框中为该图像输入一个名称。并不是一定要对图像指定名称，在将行为附加到对象时会自动对图像命名。但是，如果所有图像都预先命名，则在"交换图像"对话框中就更容易区分它们。

3）重复第 1）步和第 2）步插入其他图像。

4）选择一个对象（通常是将交换的图像），然后单击"行为"面板的【＋】按钮，选择【交换图像】命令。

5）在弹出的"交换图像"对话框中，从"图像"列表中，选择要更改其来源的图像。

6）单击【浏览】按钮选择新图像文件，或在"设定源文件为"框中输入新图像的路径和文件名。选择"预先载入图像"选项可在加载页面时对新图像进行缓存。这样可防止当图像应该出现时由于下载而导致延迟。

7）对所有要更改的其他图像重复第 5）步和第 6）步。同时对所有要更改的图像使用相同的"交换图像"动作；否则，相应的"恢复交换图像"动作就不能全部恢复它们。

8）单击【确定】按钮，验证默认事件是否正确。如果不正确，可选择另一个事件或在"显示事件"子菜单中更改目标浏览器。

15．"检查表单"行为

"检查表单"行为可检查指定文本域的内容以确保用户输入的数据类型正确。将此行为附加到表单可以防止在提交表单时出现无效数据。

1）选择菜单栏的【插入记录】→【表单】→【表单】命令或单击【插入】面板的【表单】选项卡中的【表单】按钮插入一个表单。

2）选择菜单栏的【插入记录】→【表单】→【文本域】命令或单击【插入】面板的【表单】选项卡中的【文本域】按钮来插入文本域。重复此步骤以插入其他文本域。

3）选择验证方法。若要在用户填写表单时分别验证各个域，则选择一个文本域并选择【窗口】→【行为】命令；若要在用户提交表单时检查多个域，则在"文档"窗口左下角的标签选择器中单击〈form〉标签并选择【窗口】→【行为】命令。

4）单击"行为"面板的【＋】按钮，选择【检查表单】命令。

5）请执行下列操作之一：如果要验证单个域，则从"域"列表中选择已在"文档"窗口中选择的相同域；如果要验证多个域，则从"域"列表中选择某个文本域。

6）如果该域必须包含某种数据，则选择"必需的"选项。

7）选择下列"可接受"选项之一：

任何东西：检查必需域中包含有数据；数据类型不限。

电子邮件地址：检查域中包含一个 @ 符号。

数字：检查域中只包含数字。

数字从：检查域中包含特定范围的数字。

8）如果选择验证多个域，则对要验证的任何其他域重复第 6）步和第 7）步。

9）单击【确定】按钮。如果在用户提交表单时检查多个域，则 onSubmit 事件自动出现在"行为"面板中。

10）如果要分别验证各个域，则检查默认事件是否是 onBlur 或 onChange。如果不是，则选择其中一个事件。

当用户从该域移开焦点时，这两个事件都会触发"检查表单"行为。如果需要该域，最好使用 onBlur 事件。

16. "播放时间轴"行为

"播放时间轴"行为可以通过单击一个链接或者按钮启动时间轴播放，也可以将鼠标指针移动到某个链接、图像或其他对象之上时自动启动时间轴。具体的使用方法如下：

1）在文档中创建一个时间轴动画。

2）在文档中插入一个"播放"按钮，也可以是链接等。

3）选中"播放"按钮，单击"行为"面板的【＋】按钮，选择【时间轴】→【播放时间轴】命令。

4）在弹出的"播放时间轴"对话框中，选中需要播放的时间轴，如 Timeline1，单击【确定】按钮。

5）在"行为"面板中设置鼠标事件，如"OnClick"。

17. "停止时间轴"行为

1）在文档中创建一个时间轴动画。

2）在文档中插入一个"停止"按钮，也可以是链接等。

3）选中"播放"按钮，单击"行为"面板的【＋】按钮，选择【时间轴】→【停止时间轴】命令。

4）在"停止时间轴"对话框中，选中需要播放的时间轴，如"Timeline1"，如图 10-18 所示。再单击【确定】按钮。

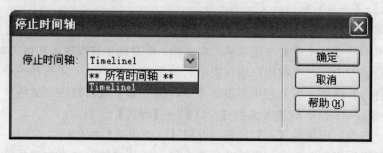

图 10-18　插入"停止时间轴"行为

5）在"行为"面板中设置鼠标事件，如"OnClick"。

18. "转到时间轴帧"行为

1）在文档中创建一个时间轴动画。

2）在文档中插入一个"播放"按钮，也可以是链接等。

3）选中"播放"按钮，单击"行为"面板的【＋】按钮，选择【时间轴】→【转到时间轴帧】命令。

4）在"转到时间轴帧"对话框中，选中需要播放的时间轴，如 Timeline1。在"前往帧"中设置需要前往的帧数，"循环"中设置需要循环的次数，如图 10-19 所示。再单击【确定】按钮。

5）在"行为"面板中设置鼠标事件，如"OnClick"。

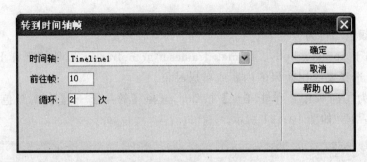

图 10-19 插入"转到时间轴帧"行为

19."增大/收缩"行为

此行为适用于下列 HTML 对象：address、dd、div、dl、dt、form、p、ol、ul、ap-plet、center、dir、menu 或 pre。

1)（可选）选择要应用效果的内容或布局对象。

2）在"行为"面板中单击【＋】按钮，选择【效果】→【增大/收缩】，弹出"增大/收缩"对话框，如图 10-20 所示。

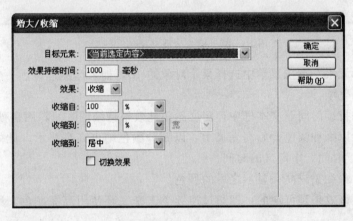

图 10-20 插入"增大/收缩"行为

3）从"目标元素"下拉菜单中选择某个对象的 ID。如果已经选择了一个对象，则选择"〈当前选定内容〉"项。

4）在"效果持续时间"文本框中，定义出现此效果所需的时间，用毫秒表示。

5）选择要应用的效果："增大"或"收缩"。

6）在"增大自/收缩自"文本框中，定义对象在效果开始时的大小。该值为百分比大小或像素值。

7）在"增大到/收缩到"文本框中，定义对象在效果结束时的大小。该值为百分比大小或像素值。

8）如果为"增大自/收缩自"或"增大到/收缩到"框选择像素值，"宽/高"域就会可见。元素将根据您选择的选项相应地增大或收缩。

9）选择希望元素增大或收缩到页面的左上角还是页面的中心。

10）如果希望该效果是可逆的（即，连续单击即可增大或收缩），则选择"切换效果"项。

20. "高亮颜色"行为

此行为适用于 applet、body、frame、frameset 或 noframes 以外的所有 HTML 对象。

1)（可选）选择要应用效果的内容或布局对象。

2）在"行为"面板中，单击【＋】按钮，选择【效果】→【高亮颜色】命令，弹出"高亮颜色"对话框，如图 10-21 所示。

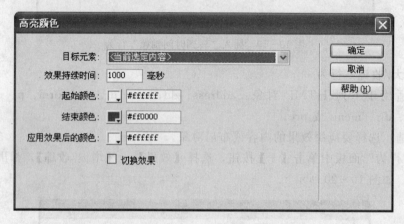

图 10-21 插入"高亮颜色"行为

3）从"目标元素"下拉菜单中选择某个对象的 ID。如果已经选择了一个对象，则选择"〈当前选定内容〉"项。

4）在"效果持续时间"文本框中，定义希望此效果持续的时间，用毫秒表示。

5）选择希望以哪种颜色开始高亮显示，以哪种颜色结束高亮显示。此效果将持续的时间为在"效果持续时间"中定义的时间。

6）选择该对象在完成高亮显示之后的颜色。

7）如果希望该效果是可逆的，即通过连续单击来循环使用高亮颜色，则选择"切换效果"项。

21. "晃动"行为

此行为适用于下列 HTML 对象：address、blockquote、dd、div、dl、dt、fieldset、form、h1、h2、h3、h4、h5、h6、iframe、img、object、p、ol、ul、li、applet、dir、hr、menu、pre 或 table。

1)（可选）选择要应用效果的内容或布局对象。

2）在"行为"面板中单击【＋】按钮，选择【效果】→【晃动】命令。

3）从"目标元素"下拉菜单中选择某个对象的 ID。如果已经选择了一个对象，则选择"〈当前选定内容〉"项。

22. "滑动"行为

此行为仅适用于下列 HTML 对象：blockquote、dd、div、form 或 center。滑动效果要求在要滑动的内容周围有一个〈div〉标签。

1)（可选）选择要应用效果的内容或布局对象。

2）在"行为"面板中单击【＋】按钮，选择【效果】→【滑动】命令，弹出"滑动"

对话框，如图 10 - 22 所示。

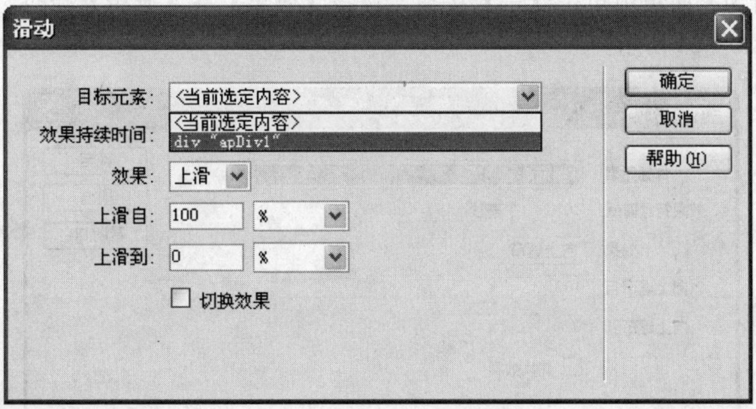

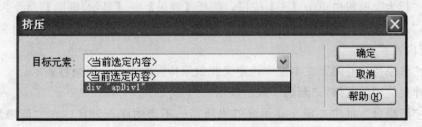

图 10 - 22　插入"滑动"行为

3）从"目标元素"下拉菜单中选择某个对象的 ID。如果已经选择了一个对象，则选择"〈当前选定内容〉"项。

4）在"效果持续时间"文本框中，定义出现此效果所需的时间，用毫秒表示。

5）选择要应用的效果："上滑"或"下滑"。

6）在"上滑自/下滑自"框中，以百分比或像素值形式定义起始滑动点；在"上滑到/下滑到"框中，以百分比或正像素值定义结束滑动点。

7）如果希望该效果是可逆的，即通过连续单击上下滑动，可选择"切换效果"项。

23．"挤压"行为

此行为仅适用于下列 HTML 对象：address、dd、div、dl、dt、form、img、p、ol、ul、applet、center、dir、menu 或 pre。

1）（可选）选择要应用效果的内容或布局对象。

2）在"行为"面板中单击【＋】按钮，选择【效果】→【挤压】命令，弹出"挤压"对话框，如图 10 - 23 所示。

图 10 - 23　插入"挤压"行为

3）从"目标元素"下拉菜单中选择某个对象的 ID。如果已经选择了一个对象，则选择"〈当前选定内容〉"项。

24．"遮帘"行为

此行为仅适用于下列 HTML 对象：address、dd、div、dl、dt、form、h1、h2、h3、h4、h5、h6、p、ol、ul、li、applet、center、dir、menu 或 pre。

1）（可选）选择要应用效果的内容或布局对象。

2）在"行为"面板中单击【＋】按钮，选择【效果】→【遮帘】命令，弹出"遮帘"对话框，如图 10-24 所示。

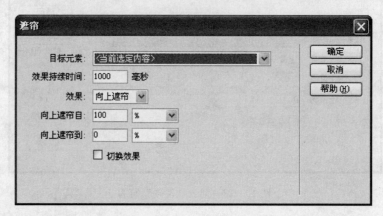

图 10-24 插入"遮帘"行为

3）从"目标元素"下拉菜单中选择某个对象的 ID。如果已经选择了一个对象，则选择"〈当前选定内容〉"项。

4）在"效果持续时间"文本框中，定义此效果持续的时间，用毫秒表示。

5）选择要应用的效果："向上遮帘"或"向下遮帘"。

6）在"向上遮帘自/向下遮帘自"框中，以百分比或像素值形式定义遮帘的起始滚动点；在"向上遮帘到/向下遮帘到"域中，以百分比或像素值形式定义遮帘的结束滚动点。这些值是从对象的顶部开始计算的。

7）如果希望该效果是可逆的（即连续单击即可上下滚动），可选择"切换效果"项。

25. "显示/渐隐"行为

此行为适用于除 applet、body、iframe、object、tr、tbody 或 th 以外的所有 HTML 对象。

1）（可选）选择要应用效果的内容或布局对象。

2）在"行为"面板中单击【＋】按钮，选择【效果】→【显示/渐隐】命令。

3）从"目标元素"下拉菜单中选择某个对象的 ID。如果已经选择了一个对象，则选择"〈当前选定内容〉"项。

4）在"效果持续时间"文本框中，定义此效果持续的时间，用毫秒表示。

5）选择要应用的效果："渐隐"或"显示"。

6）在"渐隐自"框中，定义显示此效果所需的不透明度百分比；在"渐隐到"框中，定义要渐隐到的不透明度百分比。

7）如果希望该效果是可逆的（即连续单击即可从"渐隐"转换为"显示"或从"显示"转换为"渐隐"），则选择"切换效果"项。

10.3.3　使用 JavaScript

JavaScript 是一种基于对象和事件驱动并具有安全性能的脚本语言。使用它的目的是与 HTML 超文本标记语言一起实现网页中的动态交互功能。JavaScript 通过嵌入或调用在标准的 HTML 语言中实现其功能。它与 HTML 标记结合在一起，弥补了 HTML 语言的不足，使得网页变得更加生动。

JavaScript 是一种脚本编程语言，它的基本语法与 C 语言类似，但运行过时不需要单独编译，而是逐行解释执行，运行速度快。JavaScript 具有跨平台性，与操作环境无关，只依赖于浏览器本身，只要是支持 JavaScript 的浏览器都能正确执行。

1. JavaScript 脚本的语法格式

格式 1：

〈script language＝"javascript" type＝"text/javascript"〉

在这里书写 javascript 语句

〈/script〉

一些低版本的浏览器不能识别〈script〉标记，所以可能出现把整个语句显示在浏览器中。为了避免这种情况出现，可以按格式 2 的方法书写。

格式 2：

〈script language＝"javascript" type＝"text/javascript"〉

〈! --

在这里书写 javascript 语句

　　//--〉

〈/script〉

2. JavaScript 的常量

JavaScript 提供六种基本类型的常量。

1）整型常量：整型常量是不能改变的数据，可以使用十进制、十六进制、八进制表示其值。

2）实型常量：实型常量是由整数部分加小数部分表示，可以使用科学表示法或标准方法来表示。

3）布尔常量：布尔常量只有两种值：True 或 False，主要用来说明或代表一种状态或标志。

4）字符型常量：使用单引号或双引号（一定要用英文状态下的引号）括起来的一个或几个字符。

5）空值：JavaScript 中包含有一个空值 NULL，表示什么也没有。如果试图引用没有定义的变量，则返回一个 NULL。

6）特殊字符：JavaScript 中包含以反斜杠（ \ ）开头的特殊字符，通常称为控制字符。

3. JavaScript 的变量

变量的主要作用是存取数据、提供存放信息的容器。对于变量必须明确变量的命名、类型、声明及其作用域。

（1）变量的命名　JavaScript 中的变量命名同其他计算机语言非常相似，这里要注意以下几点：必须是一个有效的变量，即变量以字母开头，中间可以出现数字如 test1、text2 等；除下划线作为连字符外，变量名称不能有空格、加号、减号、逗号或其他符号；在 JavaScript 中定义了 40 多个关键字，这些关键字是 JavaScript 内部使用的，不能作为变量的名称，如 var、int、double、true 等。

在对变量命名时，最好把变量的意义与其代表的意思对应起来，以免出现错误。

（2）变量的声明及其作用域　在 JavaScript 中，变量可以用命令 var 做声明，例如：

　　var mytest

　或 var mytest＝"This is a book"

JavaScript 变量可以在使用前先做声明，并可赋值；也可以不做声明，而在使用时再根据数据的类型来确定其变量的类型。对变量做声明的最大好处就是能及时发现代码中的错误；因为 JavaScript 是采用动态编译的，而动态编译是不易发现代码中的错误，特别是变量命名的方面。

对于变量，还有一个需要特别注意的，就是变量的作用域。在 JavaScript 中，同样有全局变量和局部变量。全局变量是定义在所有函数体之外，其作用范围是整个程序；而局部变量是定义在函数体之内，只对其该函数是可见的，而对其他函数则是不可见的。

4. JavaScript 运算符

运算符也称操作符，JavaScript 的常用运算符有以下几类。

1）数学运算符：包含＋（加）、－（减）、＊（乘）、/（除）、%（取余）、＋＋（自加）、－－（自减）。

2）赋值运算符：＝、＋＝、－＝、＊＝、/＝、%＝。

3）比较运算符：＝＝、!＝、>、<、>＝、<＝。

4）逻辑运算符：&&、||、!。

5）字符串连接符：＋。

5. 条件语句

条件语句可以使程序按照预先指定的条件进行判断，从而选择性执行程序段。在 JavaScript 中提供 if 语句、if else 语句、switch 语句。

（1）if 语句　语法格式如下：

　　if（表达式）

　　　｛语句块｝

若表达式的值为真（true），则执行该语句块，否则跳过该语句块。如果执行的语句为一条，可以写在 if 同一行，如果执行的语句为多条，则应使用"｛｝"将这些语句括起来。

（2）if else 语句　语法格式如下：

　　if（表达式）

　　　｛语句块 1｝

　　else

　　　｛语句块 2｝

若表达式的值为真（true），则执行该语句块 1，否则执行该语句块 2。如果执行的语句为多条，则应使用"｛｝"将这些语句括起来。例如：

```
if (a == 1) {
    if (b == 0) alert (a+b);
}
else {
    alert (a-b);
}
```

（3）switch 语句　语法格式如下：

```
switch（变量）
    { case 常量 1：语句 1；
      case 常量 2：语句 2；
      ……
      case 常量 n：语句 n；
      default：语句 n＋1；}
```

6. 循环语句

循环语句用于在一定条件下重复执行某段代码。JavaScript 中提供了多种循环语句，包括 for 语句、while 语句、do while 语句，同时还提供了 break 语句用于跳出循环，continue 语句用于终止当前循环并继续执行一轮循环，以及标号语句。

（1）for 语句　语法格式如下：

　　for（〈变量〉＝〈初始值〉；〈循环条件〉；〈变量累加方法〉）〈语句〉；

本语句的作用是重复执行〈语句〉，直到〈循环条件〉为 false 为止。它是这样运作的：首先给〈变量〉赋〈初始值〉，然后判断〈循环条件〉（应该是一个关于〈变量〉的条件表达式）是否成立，如果成立就执行〈语句〉，然后按〈变量累加方法〉对〈变量〉作累加，返回继续重复判断〈循环条件〉，如果不成立就退出循环，也称为"for 循环"。例如：

　　for（i ＝ 1；i〈 10；i＋＋）document. write(i)；

（2）while 语句　语法格式如下：

　　while（〈循环条件〉）〈语句〉；

比 for 循环简单，while 循环的作用是当满足〈循环条件〉时执行〈语句〉。while 循环的累加性质没有 for 循环强，〈语句〉也只能是一条语句，但是一般情况下都使用语句块，因为除了要重复执行某些语句之外，还需要一些能变动〈循环条件〉所涉及的变量的值的语句，否则一但踏入此循环，就会因为条件总是满足而一直困在循环里面，这种情况称为"死循环"。死循环会占用很大的内存，很可能造成死机，应该尽最大的努力避免。

（3）do while 语句　语法格式如下：

```
do
    {执行语句}
While（表达式）
```

do while 语句与 while 语句的差别是，先执行循环体再判断条件。当条件首先就为假时，执行一次循环体，而 while 语句不执行循环体。

（4）break 和 continue 语句　break 语句放在循环体内，作用是立即跳出循环；continue语句放在循环体内，作用是中止本次循环，并执行下一次循环。如果循环的条件已经不符合，就跳出循环。例如：

```
for (i ＝ 1；i〈 10；i＋＋) {
    if (i ＝＝ 3 || i ＝＝ 5 || i ＝＝ 8) continue;
    document. write(i);
    }
```

输出结果为：124679。

7. JavaScript 函数

函数是功能相对独立的代码块，该代码块中的语句被作为一个整体执行。使用函数之前，必须先定义函数，函数的定义格式如下：

function 函数名称（参数表）

{

函数执行部分；

return 表达式；

}

函数定义中的 return 语句用于返回函数的值。

8. JavaScript 事件

JavaScript 是一种基于对象的语言，基于对象语言的基本特征是采用事件驱动机制。事件驱动是指由于某种原因（比如单击鼠标或按键操作等）触发某项事先定义的事件，从而执行处理程序。

（1）鼠标事件

onClick：单击鼠标，然后放开。

onDblClick：双击鼠标，然后放开。

onMouseDown：按下鼠标按键。

onMouseUp：释放鼠标按键。

onMouseover：当鼠标第一次进入相关 HTML 元素占用的显示区域。

onMouseMove：进入显示区域后，鼠标在这个元素的内部移动。

onMouseout：鼠标离开这个元素。

对于一些元素而言，onFocus 事件对应于 onMouseOver，而 onBlur 对应于 onMouseout。

（2）键盘事件

onKeyDown：用户按下键盘上的一个按钮。

onKeyUp：这个按钮被释放。

onKeyPress：当一个按钮被按下又释放时。

注意：后者不能与前两者同时存在。

（3）表单事件

onReset：重置表单。

onSubmit：提交表单。

onSelect：文本或文本域中的字符被选中时。

onChange：文本或文本域中的输入字符值改变时。

（4）文档事件

onLoad：当文档被载入时。

onUnload ：当 Web 页面退出时。

9. JavaScript 的对象

JavaScript 的一个重要功能就是基于对象的功能，通过基于对象的程序设计，可以用更直观、模块化和可重复使用的方式进行程序开发。

一组包含数据的属性和对属性中包含数据进行操作的方法，称为对象。比如要设定网页的背景颜色，所针对的对象就是 document，所用的属性名是 bgcolor，如 document. bgcolor＝"blue"，就是表示使背景的颜色为蓝色。

10. JavaScript 代码嵌入 HTML 文档的方法

JavaScript 的脚本包括在 HTML 中，它成为 HTML 文档的一部分，与 HTML 标识相结合，构成了一个功能强大的 Internet 网上编程语言。可以直接将 JavaScript 脚本加入文档，语法格式如下：

```
〈script Language ＝"JavaScript"〉
    JavaScript 语言代码；
    ……
〈/script〉
```

说明：

通过标识〈script〉...〈/script〉指明 JavaScript 脚本源代码将放入其间。通过属性 Language ＝"JavaScript"说明标识中使用的是何种语言，这里的 "JavaScript" 表示在 JavaScript 中使用的语言。下面是将 JavaScript 脚本加入 Web 文档中的例子：

```
〈html〉
  〈head〉
    〈title〉嵌入 JavaScript 的事例〈/title〉
    〈script Language ＝"JavaScript"〉
     〈! --
     document. Write ("这是一个嵌入 JavaScript 的事例")；
            document. close()；
     --〉
    〈/script〉
  〈/head〉
  〈body〉
  〈/body〉
〈/html〉
```

习　题

一、简答题

Dreamweaver CS3 提供了哪些内置行为？这些行为的作用分别是什么？请举例说明几个行为的作用。

二、上机操作

应用 JavaScript 技术实现以下网页特效：

1）创建鼠标跟随效果。

2）制作飘浮广告。

3）禁止下载网页图像。

4）关闭网页时自动弹出小窗口。

第11章 布局对象的使用

学习目标:

1) 了解 AP Div 和 Spry。

2) 掌握利用 AP Div 和 Spry 进行页面布局的方法。

11.1 案例1——AP Div 综合应用

11.1.1 案例介绍

本案例是制作一个 AP Div 布局的页面,效果如图 11-1 所示。

图 11-1   AP Div 应用效果网页

11.1.2 案例分析

本案例是一个 AP Div 布局页面综合应用实例,用到的知识点主要是 AP Div。通过 3 个 AP Div 的创建、AP Div 的调整、AP Div 的移动及 AP Div 中内容的添加等操作来实现该网页的布局。

11.1.3 案例实现

1) 新建空白网页文档,执行菜单栏中的【文件】→【保存】命令,将该文档保存为

yu. html，如图 11-2 所示。

2）将鼠标定位于页面中，单击属性面板中的【页面属性】按钮，弹出"页面属性"对话框，如图 11-3 所示。在对话框中将"左边距"、"右边距"、"上边距"和"下边距"分别设置为 0。

图 11-2　"另存为"对话框

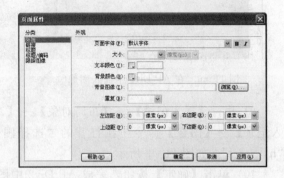

图 11-3　"页面属性"对话框

3）将鼠标定位于页面中，选择菜单栏中的【插入记录】→【表格】命令，弹出"表格"对话框。在对话框中将"行数"设置为 1，"列数"设置为 1，"表格宽度"设置为 1000 像素，单元格边距和单元格间距各设为 0。单击【确定】按钮，插入表格，如图 11-4 所示。

4）将鼠标定位于单元格中，插入背景图像，如图 12-5 所示。

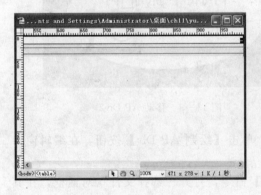

图 11-4　插入表格

图 11-5　插入背景图像

5）选择菜单栏中的【插入记录】→【布局对象】→【AP Div】命令，插入 AP Div1。再选择【插入记录】→【图像】命令，在打开的"选择图像源文件"对话框中选择要插入的图像"yu. gif"。

6）单击【确定】按钮，完成 AP Div1 中图像的插入，效果如图 11-6 所示。

7）将鼠标移到 AP Div1 的边框右下角的小方块处，指针变为双向箭头形状时，按住鼠标左键不放调整至合适大小后，松开鼠标左键即可。

8）将鼠标移到 AP Div1 的边框线上，鼠标变为四向箭头形状时，按住左键不放进行拖动，将其拖动到猫头的上方，如图 11-7 所示。

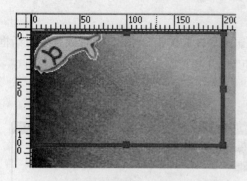

图 11-6　在 AP Div1 中插入图像

图 11-7　移动 AP Div1

9）执行【插入记录】→【布局对象】→【AP Div】命令，插入 AP Div2。再选择【插入记录】→【图像】命令，在打开的"选择图像源文件"对话框中，选择要插入的图像"haha. gif"，如图 11-8 所示。

10）单击【确定】按钮，完成 AP Div2 中图像的插入，使用相同的方法将其移动到右下角写有"你抓不抓着啊 抓不着……"标注框的文本后面，如图 11-9 所示。

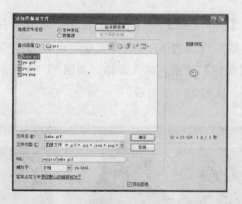

图 11-8　选择图像

图 11-9　移动 AP Div2

11）选择"插入"工具栏的"布局"选项卡，单击【绘制 AP Div】按钮，在编辑窗口鱼缸上方绘制 AP Div3，如图 11-10 所示。

12）执行【插入记录】→【媒体】→【Flash】命令，打开"选择文件"对话框，在其中选择要插入的 Flash 影片"yu. swf"，如图 11-11 所示。

图 11-10　绘制 AP Div3

图 11-11　插入 Flash

13）单击【确定】按钮，完成 AP Div3 中 Flash 影片的插入。

14）选中插入的 Flash 影片，在属性面板中单击【参数】按钮，在打开的"参数"对话框中，将"参数"设为"wmode"，"值"设为"transparent"，使其 Flash 影片无背景色，如图 11－12 所示。

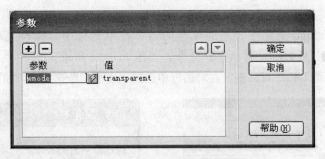

图 11－12　设置 Flash 背景透明

15）单击【确定】按钮，完成网页文档的制作。

16）保存网页并按〈F12〉键，在浏览器中预览。

11.2　案例 2——Spry 框架综合应用

11.2.1　案例介绍

本案例是一个应用 Spry 菜单栏、Spry 选项卡式面板、Spry 折叠式、Spry 可折叠面板制作的 Spry 框架页面，实例效果如图 11－13 所示。

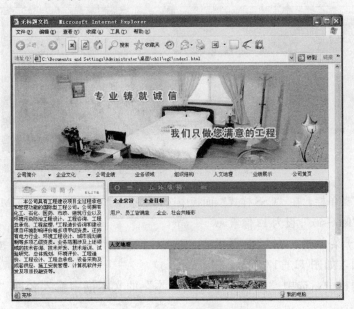

图 11－13　Spry 框架应用网页效果

11.2.2　案例分析

本案例是一个 Spry 框架综合应用的实例，用到的知识点主要是 Spry 框架。通过 Spry

菜单栏、Spry 选项卡式面板、Spry 折叠式、Spry 可折叠面板的创建、编辑及其属性设置等操作来实现该网页框架的应用。

11.2.3 案例实现

1）在 Dreamweaver 中，打开网页文档。

2）将鼠标置于 logo 图片下背景为黑色的第 2 行单元格中，执行菜单栏中的【插入记录】→【布局对象】→【Spry 菜单栏】命令，如图 11-14 所示。

3）弹出"Spry 菜单栏"对话框，在对话框中选择"水平"单选按钮，如图 11-15 所示。

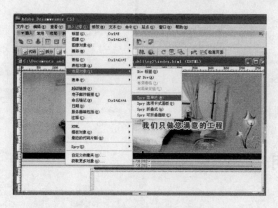

图 11-14　选择【Spry 菜单栏】命令

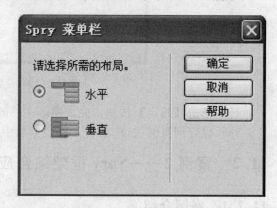

图 11-15　"Spry 菜单栏"对话框

4）单击【确定】按钮，插入 Spry 菜单栏，如图 11-16 所示。

图 11-16　插入 Spry 菜单栏

5）选中 Spry 菜单栏，在"CSS 样式"面板中选择"正在"选项卡，在"ul. MenuBarHorizontal"的属性面板中将"font-size"设为 12 像素。

6）选中 Spry 菜单栏，在属性面板中，选中"项目 4"，单击【+】按钮，添加 4 个"无标题项目"项，如图 11-17 所示。

7）在属性面板中，选中"项目 1"，在"文本"的文本框中输入名称"公司简介"，如图 11-18 所示。

8）依次输入"项目 2"到"项目 7"的名称，如图 11-19 所示。

9）在属性面板中选择"公司简介"项目，将其右侧的文本框中的文本内容设置为"公司领导"、"公司资质"和"文化掠影"，如图 11-20 所示。

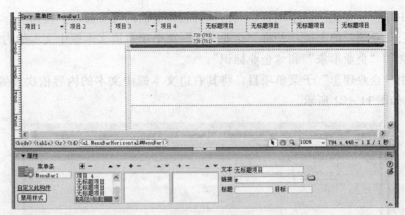

图 11-17　添加 "无标题项目" 项

图 11-18　设置项目 "文本" 内容

图 11-19　设置项目 "文本" 内容

图 11-20　设置子项目 "文本" 内容

10）选中"企业文化"菜单项目，点击该列表框上面的【上移项】按钮▲，将"企业文化"移至"公司业绩"的上面，并将"企业文化"菜单项右边文本框中文本的内容依次设置为"企业理念"、"企业形象"和"企业标识"。

11）选中"企业理念"子菜单项目，将其右边文本框中文本的内容依次设置为"管理"和"人才"，如图 11-21 所示。

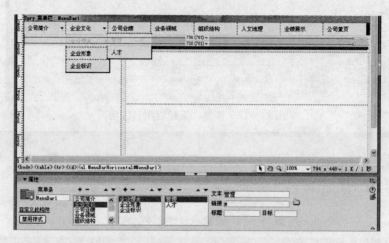

图 11-21　设置子项目下的"文本"内容

12）选中任一 Spry 菜单项目，在"ul. MenuBarHorizontal"的属性面板中将"width"设为"8.1em"，如图 11-22 所示。

13）按住〈Shift〉键依次单击选中菜单栏中多个项目后，单击属性面板中的【居中】按钮▤，将项目内容居中，如图 11-23 所示。

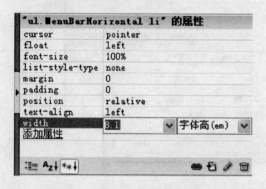

图 11-22　设置 Spry 菜单栏宽度

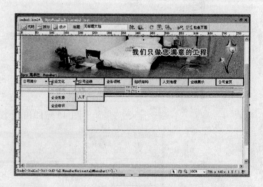

图 11-23　设置对齐方式

14）取消 Spry 菜单栏的选择。将鼠标置于 Spry 菜单栏下左边的单元格中，执行菜单栏中的【插入记录】→【布局对象】→【Spry 折叠式】命令，插入 Spry 折叠式菜单栏，如图 11-24 所示。

15）选中 Spry 菜单栏，在"CSS 样式"面板中选择"正在"选项卡，在". Accordion"的属性面板中单击【添加属性】按钮，添加"font-size"属性，并将值设为 12 像素，如图 11-25 所示。

16）删除"LABLE1"，执行【插入记录】→【图像】命令，插入图像。

17）删除"内容"，然后在此文本框中输入文本，如图 11 - 26 所示。

18）删除"LABLE2"，执行【插入记录】→【图像】命令，插入图像。

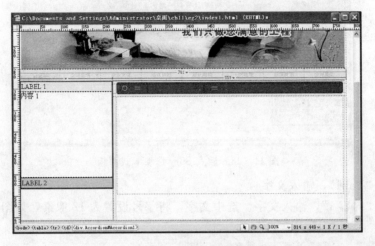

图 11 - 24　插入 Spry 折叠式菜单栏

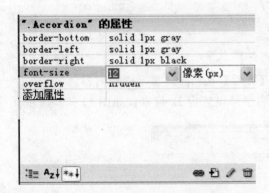

图 11 - 25　插入 Spry 折叠式菜单栏

图 11 - 26　输入文本

19）删除"内容"，执行【插入记录】→【图像】命令，插入图像，如图 11 - 27 所示。

图 11 - 27　插入图像

20）将鼠标置于页面右侧第 1 行空白单元格中，执行菜单栏中的【插入记录】→【布局对象】→【Spry 选项卡式面板】命令，插入 Spry 选项卡式面板，如图 11 - 28 所示。

图 11-28　插入 Spry 选项卡式面板

21）删除"Tab1"，输入文字。

22）删除"内容 1"，输入文字。选中文字，将字号设置为 12 像素，如图 11-29 所示。

图 11-29　替换"内容 1"文字

23）删除"Tab2"输入文字，点击文字后的【查看】按钮👁，显示面板内容。

24）删除"内容 2"，输入文字。选中文字，将字号设置为 12 像素，如图 11-30 所示。

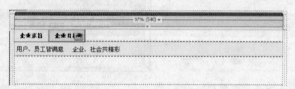

图 11-30　替换"内容 2"文字

25）将鼠标置于页面右侧第 2 行空白单元格中，执行菜单栏中的【插入记录】→【布局对象】→【Spry 可折叠式面板】命令，插入 Spry 可折叠面板，如图 11-31 所示。

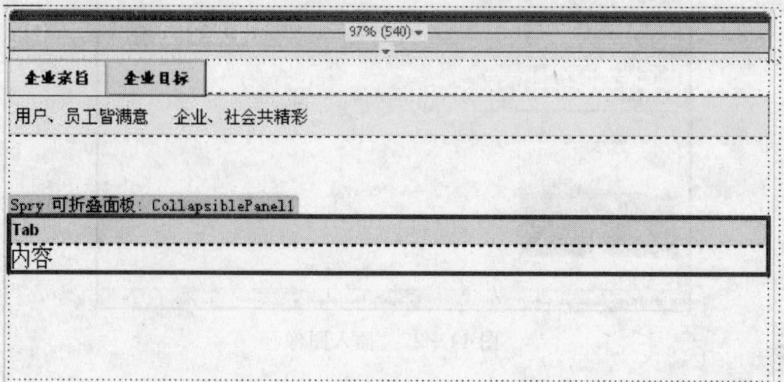

图 11-31　插入 Spry 可折叠面板

26）删除"Tab"，输入文字。

27）删除"内容"，执行【插入】→【图像】命令，插入图像。

28）选中图片，点击属性面板中的【居中】按钮 ，将图像居中。

29）保存网页文档，按〈F12〉键在浏览器中浏览。

11.3　相关知识

11.3.1　AP 元素面板

"AP 元素"面板显示了网页中所有的 AP Div 及各个 AP Div 之间的关系，在"AP 元素"面板中可以选择 AP Div、设置 AP Div 的显示属性、设置 AP Div 的堆叠顺序及重命名 AP Div 等。

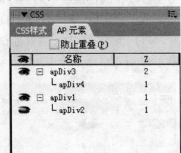

选择菜单栏中的【窗口】→【AP Div】命令或按〈F2〉键，将打开"AP 元素"面板，如图 11-32 所示。当前网页中的所有 AP Div 都会显示在"AP 元素"面板中，嵌套 AP Div 以树状结构显示。在"AP 元素"面板中可对 AP Div 进行如下操作：

1）双击 AP Div 的名称可对 AP Div 进行重命名。

2）单击 AP Div 后面的数字可修改 AP Div 的重叠顺序，即 Z 轴顺序，数值大的将位于上 AP Div。

图 11-32　"AP 元素"面板

3）在 AP Div 名称前面有一个眼睛图标，睁开的眼睛图标 表示该 AP Div 处于显示状态；闭合的眼睛图标 表示该 AP Div 处于隐藏状态；单击眼睛图标可切换 AP Div 的显示或隐藏。如果未显示眼睛图标，表示没有指定可见性。

4）选中"防止重叠"复选框可以防止 AP Div 重叠，且不能创建嵌套 AP Div。

11.3.2　插入 AP Div 并设置其属性

AP Div 是灵活性最大的网页元素，具有可移动性，可以放置到页面中的任何一个位置，而且可以重叠，或设置是否显示。因此，AP Div 常在网页中实现一些特殊的功能，如制作弹出菜单、漂浮图像等。

1. 创建 AP Div

方法 1：选择"插入"工具栏的"布局"选项卡，单击【绘制 AP Div】按钮，鼠标指针将变为"＋"形状，在编辑窗口中的任意位置按住鼠标左键托动即可创建 AP Div，如图 11-33 表示。在绘制过程中，编辑窗口右下角将动态显示正在绘制的 AP Div 大小，如图 11-34 表示，可以边绘制边查看大小，至合适大小后再释放鼠标。

方法 2：在菜单栏中选择【插入记录】→【布局对象】→【AP Div】命令，插入 AP Div。

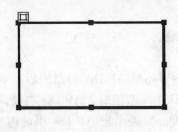

图 11-33　创建 AP Div　　　　　　图 11-34　显示 AP Div 大小

2. 创建嵌套 AP Div

AP Div 可以进行嵌套。在某个 AP Div 内部创建的 AP Div 称为嵌套 AP Div 或子 AP Div，嵌套 AP Div 外部的 AP Div 称为父 AP Div。子 AP Div 可以浮动于父 AP Div 之外的任何位置，其大小不受父 AP Div 限制。

创建嵌套 AP Div 方法如下：将鼠标定位到所需的 AP Div 内，选择菜单栏中的【插入记录】→【布局对象】→【AP Div】命令，如图 11-35 所示。如果要逐级添加子 AP Div，只需将鼠标定位到所需的子 AP Div 中，按创建嵌套 AP Div 的方法即可。

图 11-35 嵌套 AP Div 效果

3. AP Div 属性设置

可以在属性面板中对 AP Div 的属性进行设置，下面分别介绍单个 AP Div 和多个 AP Div 的属性设置。

（1）单个 AP Div 的属性设置　选择要设置属性的单个 AP Div，其对应的属性面板如图 11-36 所示。

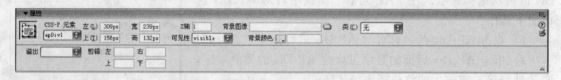

图 11-36 单个 AP Div 的属性面板

1)"CSS-P 元素"下拉列表框：可为当前 AP Div 命名，该名称在脚本中引用，如通过编写脚本实现 AP Div 的显示或隐藏等。

2)"左"文本框：设置 AP Div 左边相对于页面左边或父 AP Div 左边的距离。

3)"上"文本框：设置 AP Div 顶端相对于页面顶端或父 AP Div 顶端的距离。

4)"宽"文本框：设置 AP Div 的宽度值。

5)"高"文本框：设置 AP Div 的高度值。

6)"Z 轴"文本框：设置 AP Div 的 Z 轴顺序，也就是设置嵌套 AP Div 在网页中的重叠顺序，较高值的 AP Div 位于较低值的 AP Div 上方。

7)"可见性"下拉列表框：设置 AP Div 的可见性。其中，"default"表示默认值，其可见性由浏览器决定，大多数浏览器会继承该 AP Div 父 AP Div 的可见性；"inherit"表示继承该层父级的可见性；"visible"表示显示 AP Div 及其内容，与父 AP Div 的可见性无关；" hidden"表示隐藏 AP Div 及内容，与父 AP Div 的可见性无关。

8)"背景图像"文本框：用于设置背景图像，单击【浏览文件】按钮，在打开的"选择图像源文件"对话框中可选择所需的背景图像。

9)"背景颜色"文本框：设置 AP Div 的背景颜色。

10)"类"下拉列表框：选择 AP Div 的样式。

11)"溢出"下拉列表框：选择当 AP Div 中的内容超出 AP Div 的范围后显示内容的方式。其中，"visible"表示当 AP Div 中的内容超出 AP Div 范围时，AP Div 自动向右或向下扩展，使 AP Div 能够容纳并显示其中的内容；"hidden"表示当 AP Div 中的内容超出 AP Div 范围时，AP Div 的大小保持不变，也不出现滚动条，超出 AP Div 范围的内容将不再显示；"scroll"表示无论 AP Div 中的内容是否超出 AP Div 范围，AP Div 的右端和下端都会出现滚动条；"auto"表示当 AP Div 中的内容超出 AP Div 范围时，AP Div 的大小保持不变，但是在 AP Div 的左端或下端会出现滚动条，以便使 AP Div 中超出范围的内容能够通过拖动滚动条来显示。

12)"剪辑"栏：在该栏中可设置 AP Div 的可见区域。其中，"左"、"右"、"上"、"下"4 个文本框分别用于设置 AP Div 在各个方向上的可见区域与 AP Div 边界的距离，其单位为像素。

(2) 多个 AP Div 的属性设置 如果多个 AP Div 具有相同的属性需要设置，则可以同时选中这些 AP Div，然后再在属性面板中进行设置。选择多个 AP Div 后的"属性"面板如图 11 - 37 所示。

图 11 - 37 多个 AP Div 的属性面板

多个 AP Div 的属性面板中，上部可以设置 AP Div 中文本的样式，其设置方法与文本的属性面板相同。下部的大部分属性与单个 AP Div 的属性面板相同，不同的是多个 AP Div 的属性面板中多了一个"标签"下拉列表框，其中包括"DIV"和"SPAN"两个选项，这其实是两个 HTML 标签，Span 标签是一个内联元素，支持 Style、Class 及 ID 等属性，使用该标签就可以通过为其附加 CSS 来实现各种效果；Div 标签在功能上与 Span 标签相似，最主要的差别在于 Div 标签是一个块级元素，在默认情况下 Div 标签会独占一行（可以通过设置 CSS 的样式使多个 Div 标签处在同一行中），而 Span 标签则不同，可以与其他网页元素同行。从图 11 - 38、图 11 - 39 中可看出 Div 与 Span 标签的不同。

```
<body>
<span>span中的内容</span>span后的内容
<div>div中的内容</div>div后的内容
</body>
```

span中的内容span后的内容
div中的内容
div后的内容

图 11 - 38 代码　　　　　　图 11 - 39 相应的效果

11.3.3 选择 AP Div

如果对 AP Div 进行操作和设置，需先将其选中。单个 AP Div 和多个 AP Div 的选择方法是不同的。

1. 单个 AP Div 的选择

方法 1：在编辑窗口中单击要选择的 AP Div 边框。

方法 2：在"AP 元素"面板中单击要选择的 AP Div 名称。

方法 3：按住〈Shift〉+〈Ctrl〉键，在要选择的 AP Div 中单击鼠标左键。

方法 4：选择 AP Div 后，在"AP 元素"面板中会高亮度显示该 AP Div 名称，如图 11 - 40 所示。

2. 多个 AP Div 的选择

方法 1：按住〈Shift〉键后依次在需要选中的 AP Div 中或 AP Div 边框上单击。

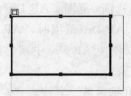 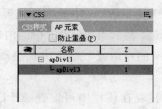

图 11-40　选择单个 AP Div

方法 2：按住〈Shift〉键后依次在"AP 元素"面板中单击需要选中 AP Div 的名称，如图 11-41 所示。

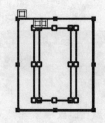 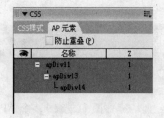

图 11-41　选择多个 AP Div

11.3.4　调整 AP Div 的大小

在网页制作过程中，常会根据需要对 AP Div 进行大小的调整。单个 AP Div 和多个 AP Div 的调整方法是不同的。

1. 单个 AP Div 的调整

方法 1：选择要调整大小的 AP Div，在属性面板的"宽"、"高"文本框中输入所需的宽度和高度值，再按〈Enter〉键确认。

方法 2：将鼠标移至要调整大小的 AP Div 边缘，当指针变为箭头调整形状时，按住鼠标左键不放，边观察属性面板中动态显示的"宽"和"高"数值变化，边进行拖动，至需要大小后释放鼠标即可。

方法 3：按住〈Ctrl〉键再按键盘的方向键，可以移动 AP Div 的右边框和下边框，每次调整 1 个像素的大小；按住〈Shift〉+〈Ctrl〉键的同时再按键盘上的方向键可每次调整 10 个像素的大小。

2. 多个 AP Div 的调整

方法 1：选择需调整大小的多个 AP Div，然后选择菜单栏中的【修改】→【排列顺序】弹出菜单中的【设成宽度相同】或【设成高度相同】命令，则所有选择的 AP Div 将设置为最后选择 AP Div 的宽度或高度。

方法 2：在属性面板的"宽"、"高"文本框中输入所需宽度和高度值，再按〈Enter〉键，选择的所有 AP Div 将调整为设定的大小。

11.3.5　使用 Spry 菜单栏

Spry 框架是一个可用来构建更加丰富的 Web 页的 JavaScript 库。有了 Spry，就可以使用 HTML、CSS 和极少量的 JavaScript 代码将 XML 数据合并到 HTML 文档中，创建构件（如 Spry 菜单栏），向各种页面元素中添加不同种类的效果。在设计上，Spry 框架的标记非常简单且便于具有 HTML、CSS 和 JavaScript 代码编写基础的用户使用。

　　Spry 菜单栏是一组可导航的菜单按钮，当站点访问者将鼠标停留在其中的某个按钮上时，将显示相应的子菜单。使用菜单栏可在紧凑的空间中显示大量可导航信息，并使站点访问者无需深入浏览站点即可了解站点上提供的内容。

　　Dreamweaver 允许插入两种菜单栏：垂直菜单栏和水平菜单栏。插入菜单栏的具体步骤如下：

　　1）将鼠标置于页面中，执行菜单栏的【插入记录】→【布局对象】→【Spry 菜单栏】命令，如图 11-42 所示。

　　2）在弹出 "Spry 菜单栏" 对话框中选择 "水平" 单选按钮，如图 11-43 所示。

图 11-42　选择【Spry 菜单栏】命令

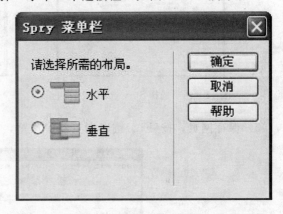

图 11-43　"Spry 菜单栏" 对话框

　　3）单击【确定】按钮，插入 Spry 菜单栏。选中 Spry 菜单栏，在属性面板中选中相应的项目，在 "文本" 文本框中输入相应的导航文本，如图 11-44 所示。

　　4）保存网页，按〈F12〉键在浏览器中预览，如图 11-45 所示。

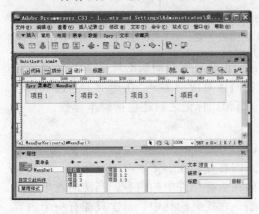

图 11-44　插入 Spry 菜单栏

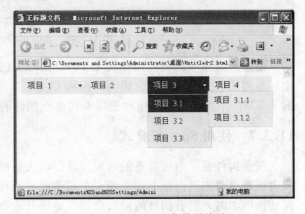

图 11-45　Spry 菜单栏效果

11.3.6　使用 Spry 选项卡式面板

　　选项卡式面板构件是一组面板，用来将网页内容存储到紧凑空间中。站点访问者可通过单击他们要访问的面板上的选项卡来隐藏或显示存储在选项卡式面板中的内容。当访问者单击不同的选项卡时，构件的面板会相应地打开。在给定时间内，选项卡式面板构件中只有一个内容面板处于打开状态。插入选项卡式面板的具体步骤如下：

1）将鼠标置于页面中，执行【插入记录】→【布局对象】→【Spry 选项卡式面板】命令，如图 11-46 所示。

2）插入 Spry 选项卡式面板。选中 Spry 选项卡式面板，在属性面板中可以单击【＋】按钮添加相应的栏目，如图 11-47 所示。

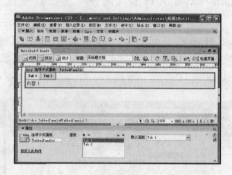

图 11-46　选择 Spry 选项卡式面板　　　图 11-47　插入 Spry 选项卡式面板

3）保存网页，按〈F12〉键在浏览器中预览，如图 11-48 所示。

图 11-48　Spry 选项卡式面板效果

注意：选项卡式面板构件的 HTML 代码中包含一个含有所有面板的外部 Div 标签、一个标签列表、一个用来包含内容面板的 Div 和以及各面板对应的 Div。在选项卡式面板构件的 HTML 中，在文档头中和选项卡式面板构件的 HTML 标记之后还包括脚本标签。

11.3.7　使用 Spry 折叠式

折叠构件是一组可折叠的面板，可以将大量网页内容存储在一个紧凑的空间中。站点访问者可通过单击该面板上的选项卡来隐藏或显示存储在折叠构件中的内容。当访问者单击不同的选项卡时，折叠构件的面板会相应地展开或收缩。在折叠构件中，每次只能有一个内容面板处于打开且可见的状态。插入折叠构件的具体步骤如下：

1）将鼠标置于页面中，执行【插入记录】→【布局对象】→【Spry 折叠式】命令，如图 11-49 所示。

2）执行命令后，插入 Spry 折叠式，如图 11-50 所示。

图 11-49 选择 Spry 折叠式

图 11-50 插入 Spry 折叠式

3）保存网页，按〈F12〉键在浏览器中预览，如图 11-51 所示。

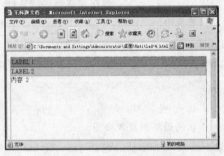

图 11-51 Spry 折叠式效果

注意： 折叠构件的默认 HTML 中包含一个含有所有面板的外部 Div 标签以及各面板对应的 Div 标签，各面板的标签中还有一个标题 Div 和内容 Div。折叠构件可以包含任意数量的单独面板。在折叠构件的 HTML 中，在文档头中和折叠构件的 HTML 标记之后还包括〈script〉标签。

11.3.8 使用 Spry 可折叠面板

可折叠面板构件是一个面板，可将网页内容存储到紧凑的空间中。用户单击构件的选项卡即可隐藏或显示存储在可折叠面板中的内容。插入可折叠面板的具体步骤如下：

1）将鼠标置于页面中，执行【插入记录】→【布局对象】→【Spry 可折叠面板】命令，插入 Spry 可折叠面板，如图 11-52 所示。

2）保存网页，按〈F12〉键在浏览器中预览，如图 11-53 所示。

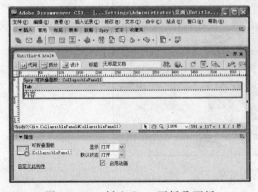

图 11-52 插入 Spry 可折叠面板

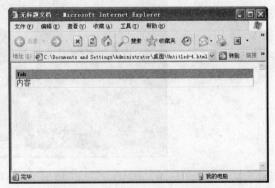

图 11-53 Spry 可折叠面板效果

注意：可折叠面板构件的 HTML 中包含一个外部 Div 标签，其中包含内容 Div 标签和选项卡容器 Div 标签。在可折叠面板构件的 HTML 中，在文档头中和可折叠面板的 HTML 标记之后还包括脚本标签。

习 题

一、填空题

1. ＿＿＿＿＿＿＿＿＿显示了网页中所有的 AP Div 及各个 AP Div 之间的关系，并且可以选择 AP Div，设置 AP Div 的显示属性、设置 AP Div 的堆叠顺序及重命名 AP Div 等。

2. AP Div 面板分为 3 栏，最左侧是＿＿＿＿＿＿＿＿＿，用鼠标直接单击标记，可以显示或隐藏所有的层；中间显示的是＿＿＿＿＿＿＿＿＿；最右侧是＿＿＿＿＿＿＿＿＿。

3. 选择单个 AP Div 时，需按住＿＿＿＿＿＿＿＿＿键在要选择的 AP Div 中单击。选择多个 AP Div 时，需按住＿＿＿＿＿＿＿＿＿键后依次在需要选中的 AP Div 中或 AP Div 边框上单击。

4. ＿＿＿＿＿＿＿＿＿是一个可用来构建更加丰富的 Web 页的 JavaScript 库。

5. ＿＿＿＿＿＿＿＿＿是一组可导航的菜单按钮，当站点访问者将鼠标停留在其中的某个按钮上时，将显示相应的子菜单。

二、上机操作

运用 AP Div 制作如图 11-54 所示的最终网页效果图。

项目一：先制作"小二上菜"的第一个场景，包括 5 个 AP Div，其中 4 个 AP Div 分别插入了 4 张图像，另一个 AP Div 中则添加了相应的文本，并对文本的样式进行了设置，如图 11-55 所示。步骤如下：

1）新建空白网页文档。

2）设置页面属性。

3）分别绘制层并为其添加相应的内容。

4）设置文本的样式。

5）完成项目一的网页文档的创建。

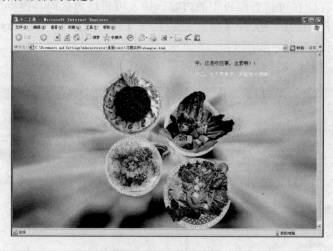

图 11-54 网页效果

图 11-55　项目一效果图

项目二：在项目一的网页基础上进行 AP Div 的移动、AP Div 的隐藏操作，再添加新的 AP Div，并为各 AP Div 添加相应的内容。最终效果如图 11-54 所示。

步骤如下：

1）移动"小"、"菜"层的位置。

2）隐藏编辑窗口右下角的文本层。

3）创建 5 个新层并为其添加相应内容。

4）设置文本样式，完成最终文档制作。

第 12 章 使用框架灵活布局网页

学习目标：

1）掌握框架的创建、编辑以及属性的设置。
2）熟练利用框架进行网页布局。

12.1 案例 1——华夏家具网站框架页面

12.1.1 案例介绍

本案例是运用框架和框架集创建的华夏家具网站页面，用于查看该公司的相关信息，实例效果如图 12-1 所示。

图 12-1 框架网页效果

12.1.2 案例分析

本案例是一个典型的框架应用实例，用到的知识点主要有框架和表格。利用框架和表格实现页面的布局，通过框架和框架集的创建、选择、编辑和框架滚动属性的设置等功能实现华夏家具公司网页的制作。

12.1.3 案例实现

1）执行菜单栏中的【文件】→【新建】命令，在弹出的"新建文档"对话框中选择【示例中的页】→【框架集】→【上方固定，左侧嵌套】选项，如图 12-2 所示。

2) 单击【确定】按钮，即可创建一上方固定，左侧嵌套的框架集。

3) 执行菜单栏中的【文件】→【保存全部】命令，整个边框会出现一个阴影框，同时弹出"另存为"对话框。因为阴影出现在整个框架集内侧，所以询问的是整个框架集的名称，将整个框架集命名为 index. html，如图 12 - 3 所示。

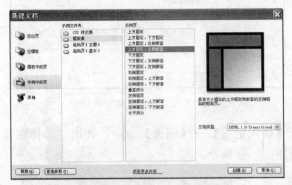

<table>
<tr><td>图 12 - 2　"新建文档"对话框</td><td>图 12 - 3　为整个框架集命名</td></tr>
</table>

4) 单击【保存】按钮，弹出第 2 个"另存为"对话框，因为右边框架内侧出现阴影，询问的是右边框架的文件名，所以将文件命名为 right. html，如图 12 - 4 所示。

5) 单击【保存】按钮，弹出第 3 个"另存为"对话框，因为左边框架内侧出现阴影，询问的是左边框架的文件名，所以将文件命名为 left. html，如图 12 - 5 所示。

<table>
<tr><td>图 12 - 4　为右边框架集命名</td><td>图 12 - 5　为左边框架集命名</td></tr>
</table>

6) 单击【保存】按钮，弹出第 4 个"另存为"对话框，因为顶部框架内侧出现阴影，询问的是顶部框架的文件名，所以将文件命名为 top. html，如图 12 - 6 所示。

7) 单击【保存】按钮，将整个框架集保存完毕。

8) 将鼠标置于顶部的框架中，执行菜单栏中的【窗口】→【页面属性】命令，弹出"页面属性"对话框，在对话框中将"左边距"和"上边距"分别设置为 0，如图 12 - 7 所示。

9) 单击【确定】按钮，设置页面属性。将鼠标置于页面中，执行【插入记录】→【表格】命令，弹出"表格"对话框，在对话框中将"行数"设置为 2，"列数"设置为 1，"表格宽度"设置为 760 像素，单元格边距和单元格间距各设为 0。单击【确定】按钮，插入表格，如图 12 - 8 所示。

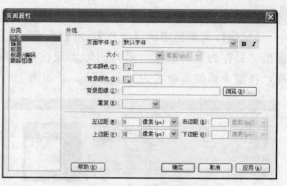

图 12-6　为上边框架集命名　　　　　　　　图 12-7　"页面属性"对话框

10）将鼠标置于第 1 行单元格中，执行【插入记录】→【图像】命令，弹出"选择图像源文件"对话框，在对话框中选择图像，如图 12-9 所示。

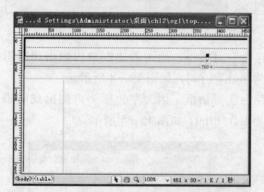

图 12-8　插入表格　　　　　　　　图 12-9　"选择图像源文件"对话框

11）单击【确定】按钮，插入图像，如图 12-10 所示。

12）将鼠标置于第 2 行单元格中，插入背景图像，如图 12-11 所示。

图 12-10　插入图像　　　　　　　　图 12-11　插入背景图像

13）将鼠标置于背景图像上，执行【插入记录】→【表格】命令，插入 1 行 6 列的表格，如图 12-12 所示。

14）将鼠标置于第 1 列单元格中，执行【插入记录】→【图像】命令，弹出"选择图像源文件"对话框，在对话框中选择图像。单击【确定】按钮，插入图像，如图 12-13 所示。

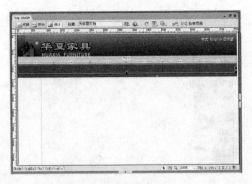 

图 12-12 插入表格 　　　　　　　　　图 12-13 插入图像

15）分别在其他单元格中插入图像，最后效果如图 12-14 所示。

16）将鼠标置于左边的框架中，执行【修改】→【页面属性】命令，弹出"页面属性"对话框，在对话框中将"左边距"和"上边距"分别设置为 0。

17）将鼠标置于页面中，执行【插入记录】→【表格】命令，插入 6 行 1 列的表格，将"背景颜色"设置为"#CCCCCC"，如图 12-15 所示。

18）选中所有单元格，在属性面板中将"背景颜色"设置为"#FFFFFF"，如图 12-16 所示。

图 12-14 插入其他图像

图 12-15 插入表格 　　　　　　　图 12-16 设置单元格背景颜色

19）将鼠标置于第 1 行单元格中，执行【插入记录】→【图像】命令，弹出"选择图像源文件"对话框，在对话框中选择图像。单击【确定】按钮，插入图像，如图 12-17 所示。

20）分别在其他单元格中插入图像，最后效果如图 12-18 所示。

图 12-17　插入图像　　　　　　　　　　　图 12-18　插入其他图像

21）选中左边的框架，打开属性面板，在面板中的"滚动"下拉列表中选择"是"，如图 12-19 所示。

22）将鼠标置于右边的框架中，执行【修改】→【页面属性】命令，弹出"页面属性"对话框，在对话框中将"左边距"和"上边距"分别设置为 0。

23）将鼠标置于页面中，执行【插入记录】→【表格】命令，插入 2 行 1 列的表格，将"背景颜色"设置为"＃CCCCCC"，如图 12-20 所示。

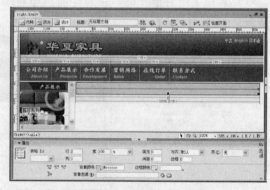

图 12-19　设置框架属性　　　　　　　　　　图 12-20　插入表格

24）将鼠标置于第 1 行单元格中，执行【插入记录】→【图像】命令，弹出"选择图像源文件"对话框，在对话框中选择图像。单击"确定"按钮，插入图像，如图 12-21 所示。

25）将鼠标置于第 2 行单元格中，执行【插入记录】→【表格】命令，插入 1 行 1 列的表格。将"表格宽度"设置为 95％，"对齐"设置为"居中对齐"，"背景颜色"设置为"＃FFFFFF"，如图 12-22 所示。

图 12-21　插入图像　　　　　　　　　　　图 12-22　插入表格

26）将鼠标置于表格中，输入文字，将"大小"设置为 12 像素，如图 12-23 所示。

27）将鼠标置于文字中，执行【插入记录】→【图像】命令，插入图像，将"对齐"项设置为"右对齐"，如图 12-24 所示。

28）保存文档，按〈F12〉键在浏览器中预览。

图 12-23　输入文字　　　　　　　　　　　　图 12-24　插入图像

12.2　案例 2——天天玩具网站的浮动框架页面

12.2.1　案例介绍

本案例是天天玩具网站的页面，用于查看该公司的相关信息，实例效果如图 12-25 所示。

图 12-25　内框架效果图

12.2.2　案例分析

本案例是一个典型的内框架 iframe 应用实例，用到的知识点主要是内框架。利用内框架实现页面的布局，通过内框架 iframe 的插入、编辑和标签编辑器 iframe 相关属性的设置等功能实现天天玩具公司网页内框架的制作。

12.2.3　案例实现

1）打开网页文档，如图 12-26 所示。

图 12-26   打开网页文档

2）将鼠标置于相应的位置，执行【插入记录】→【标签】命令，弹出"标签选择器"对话框。在对话框中选择"HTML 标签"→"页元素"→"iframe"项，如图 12-27 所示。

3）单击【插入】按钮，弹出"标签编辑器-iframe"对话框，如图 12-28 所示。

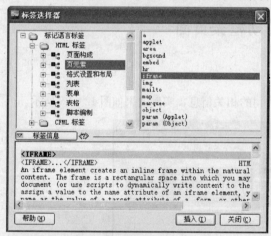

图 12-27   "标签选择器"对话框   图 12-28   "标签编辑器-iframe"对话框

4）在对话框中单击"源"文本框右边的【浏览】按钮，弹出"选择文件"对话框，如图 12-29 所示。

5）在对话框中选择文件，单击"确定"按钮，添加到文本框中，将"宽度"设置为652，"高度"设置为482。如图 12-30 所示。

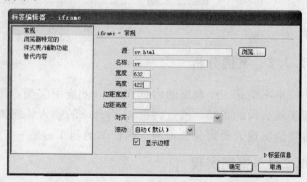

图 12-29   "选择文件"对话框   图 12-30   "标签编辑器-iframe"对话框

6）单击【确定】按钮，在"拆分"视图下可以看到插入内框架的代码，如图 12 - 31 所示。

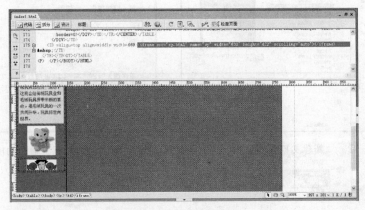

图 12 - 31　插入内框架

7）保存网页文档，按〈F12〉在浏览器中浏览。

12.3　相关知识

12.3.1　创建基本框架网页

使用框架（Frame）对页面进行布局是一种常用的页面布局方式，很多大型论坛、聊天室等网页中常常都采用这种方法。框架可以将浏览器显示窗口分割成多个子窗口，每个窗口都是一个独立的网页文档。当一个页面被划分为若干个框架时，Dreamweaver 就建立起一个未命名的框架集文件，同时为每个框架建立一个文档文件。

框架由两个主要部分组成：框架集和单个框架。

创建框架网页的方法主要有 4 种：从"新建文档"对话框中创建、从"插入"工具栏的"布局"选项卡中创建、从"插入记录"菜单中创建及手动创建。此外，还可以创建嵌套框架集。

1. 从"新建文档"对话框创建框架网页

具体操作步骤如下：

1）在 Dreamweaver 起始页中选择菜单栏中的【文件】→【新建】命令，打开"新建文档"对话框。

2）在"示例中的页"选项卡中的"示例文件夹"列表框中选择"框架集"项，在右侧的"示例页"列表框中选择需要的框架结构（"上方固定，左侧嵌套"），如图 12 - 32 所示。

3）单击右下角"创建"按钮，打开"框架标签辅助功能属性"对话框，在"框架"下拉列表框中选择某个框架，在"标题"文本框中输入该框架的标题，通常保持默认设置，如图 12 - 33 所示。

4）单击【确定】按钮关闭对话框，完成框架网页的创建，如图 12 - 34 所示。

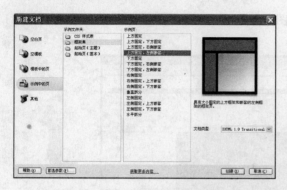
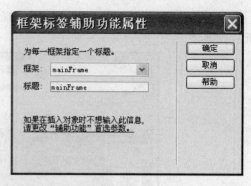

图 12-32 "新建文档"对话框　　　　图 12-33 "框架标签辅助功能属性"对话框

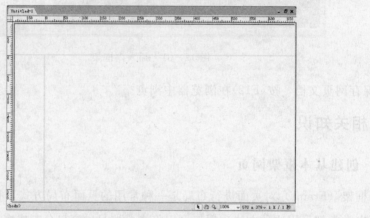

图 12-34 创建的框架网页

2. 从布局插入栏中创建框架网页

具体操作步骤如下：

1）新建空白文档，选择菜单栏中的【窗口】→【插入】命令，打开"插入"工具栏，选择"布局"选项卡。单击【框架】按钮右侧的下拉箭头，在弹出的菜单中选择相应的选项，如图 12-35 所示。

2）在打开"框架标签辅助功能属性"对话框中直接单击【确定】按钮，即可创建框架网页，如图 12-36 所示。

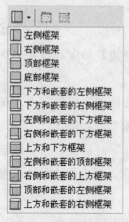
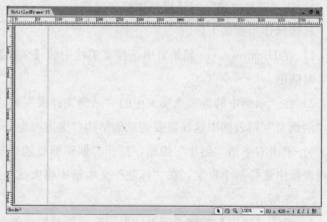

图 12-35 选择框架集　　　　　　　　图 12-36 创建的框架网页

3. 从"插入记录"菜单中创建框架网页

具体操作步骤如下：

1）新建空白网页后，将鼠标定位到预定义的窗口中。

2）选择菜单栏中的【插入记录】→【HTML】→【框架】命令，在弹出的子菜单中选择相应的选项即可创建框架网页，如图 12-37 所示。

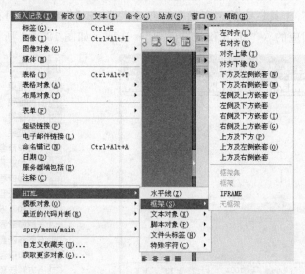

图 12-37　选择"框架"命令

4. 手动创建框架网页

前三种方法创建的网页都是 Dreamweaver 预定义的框架样式，有时并不适合用户的实际制作需求，此时可以通过手动创建框架网页。在拖动创建框架前，应先将框架边框显示出来，再通过拖动边框线的方法进行框架的拆分。

具体操作步骤如下：

1）新建空白网页文档，选择菜单栏中的【查看】→【可视化助理】→【框架边框】命令，框架边框即可在边框四周显示，如图 12-38 显示。

2）将鼠标定位到需分割的框架中，按住〈Alt〉键的同时，将鼠标移到框架边框线上，至指针变为双向箭头形状时，按住鼠标左键不放进行拖动，至合适位置后释放鼠标即可将一个框架拆分为两个框架，如图 12-39 所示。

图 12-38　显示框架边框

图 12-39　拆分框架

5. 创建嵌套框架集

在框架内部还可以创建框架集，即嵌套框架集。在 Dreamweaver 中，如果在一个框架集内，不同行或列有不同数目的框架，则需要使用嵌套的框架集。

具体操作步骤如下：

1）将鼠标定位到需创建嵌套框架集的框架中，如图 12-40 所示。

2）选择"插入"工具栏中的"布局"选项卡，单击【框架】按钮右侧的下拉箭头，在弹出的菜单中选择相应的（"上方和下方框架"）选项，如图 12-41 所示。

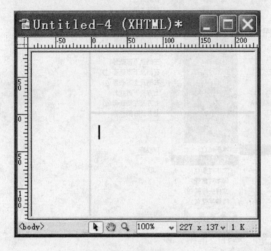

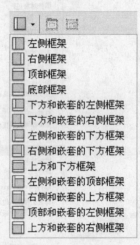

图 12-40　定位鼠标　　　　　　　　图 12-41　选择框架集

3）弹出的"框架标签辅助功能属性"对话框如图 12-42 所示。直接单击【确定】按钮，即可创建框架网页，如图 12-43 所示。

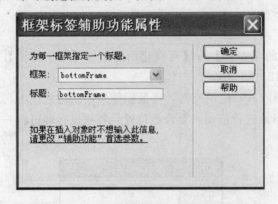

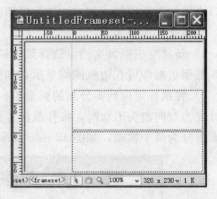

图 12-42　"框架标签辅助功能属性"对话框　　　　图 12-43　创建的嵌套的框架集

12.3.2　选择框架和框架集

在创建了框架及框架集之后，常需要进行如属性设置等操作，此时首先要选择框架或框架集。选择框架或框架集的方法有 2 种：在编辑窗口中进行和在"框架"面板中进行。

1. 在编辑窗口中选择框架和框架集

按住〈Alt〉键，在所需要选择的框架中单击鼠标左键即可选择该框架，被选择的边框为虚线，如图 12-44 所示。

若要选择框架集，单击需要选择的框架集边框即可。选择的框架集包含的所有框架边框呈现虚线，如图 12-45 所示。

图 12-44　选择框架

图 12-45　选择框架集

2. 在"框架"面板中选择框架和框架集

选择菜单栏中的【窗口】→【框架】命令，打开"框架"面板，在面板中单击需要选择的框架，此时被选择的框架的边界就会被虚线包围，如图 12-46 所示。

若要在"框架"面板中选择"框架集"，在面板中单击包含要选择框架集的边框即可。若要选择整个框架集，直接单击框架最外面的边框即可，此时边框变成黑边显示，如图 12-47 所示。

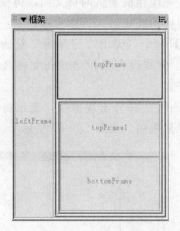

图 12-46　选择框架

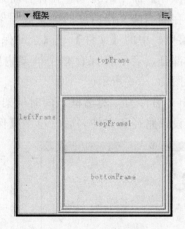

图 12-47　选择框架集

12.3.3　编辑框架

1. 删除框架

删除框架，可用鼠标将要删除框架的边框拖至页面外即可。如果要删除嵌套框架集，则需将其边框拖到父框架边框上或拖离页面。

2. 保存框架

具体步骤如下：

1）将鼠标定位到需要保存网页文档的框架中，如图 12-48 所示。

2）选择菜单栏中的【文件】→【保存框架】命令，在打开的"另存为"对话框中的"保存在"下拉列表框中选择保存位置，在"文件名"文本框中输入文件名，如图 12-49 所示。

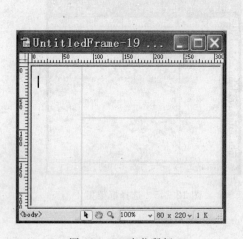

图 12-48　定位鼠标　　　　　　图 12-49　"另存为"对话框

3. 保存全部

当编辑完框架及框架文件后，必须对框架及框架文件进行保存。如果只保存鼠标所定位的框架内容，其余的框架内容将丢失，为避免这种情况的发生，可以使用菜单栏中的【文件】→【全部保存】命令来完成。在保存时通常先保存框架集网页文档，再保存各个框架网页文档，被保存的当前文档所在的框架或框架集用粗线表示。具体步骤如下：

1）选择菜单栏中的【文件】→【全部保存】命令，弹出"另存为"对话框，同时整个框架出现虚线部分，表示将保存整个框架内容。为其设置保存路径和文件名后，单击【保存】按钮，如图 12-50 所示。

2）新弹出"另存为"对话框，同时框架的右下边部分出现虚线，表示将保存右下边框架内容。为其设置路径和文件名后，单击【保存】按钮，如图 12-51 所示。

图 12-50　为框架命名　　　　　　图 12-51　为右下边框架命名

3）新弹出"另存为"对话框，同时框架的右上边部分出现虚线，表示将保存右边框架内容。为其设置路径和文件名后，单击【保存】按钮，如图 12-52 所示。

4）新弹出"另存为"对话框，同时框架的左边部分出现虚线，表示将保存右边框架内容。为其设置路径和文件名后，单击【保存】按钮，如图 12-53 所示。

图 12-52　为右上边框架命名　　　　　　图 12-53　为左边框架命名

4. 框架链接

使用框架可以通过超级链接等方式改变框架中的网页文档，例如在图 12-54 所示的框架网页中，可以通过单击左侧框架中的文本超链接，改变右侧框架中的网页文档。具体步骤如下：

1）选择左侧框架的文本 "main.html"，打开属性面板。

2）在 "链接" 下拉列表框中，输入要链接网页的路径及名称。

3）在 "目标" 下拉列表框中选择右侧框架的名称，即在该框架中打开指定网页，如图 12-55 所示。

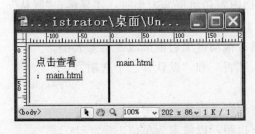

图 12-54　框架网页

图 12-55　选择目标

4）保存框架网页，选中框架集后按〈F12〉预览，其效果如图 12-56 所示。

图 12-56　预览效果

12.3.4 设置框架和框架集属性

在页面创建后，还需要对框架属性进行相关的设置，如框架名称和框架边框等。这些基本设置对框架外观和使用具有重要意义。

1. 设置框架属性

在对框架或框架集进行设置，首先选择框架或框架集，在文档窗口下端将出现框架的属性面板，如图 12-57 所示。

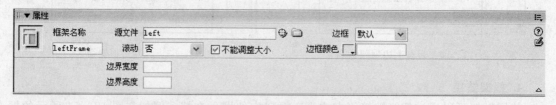

图 12-57　框架的属性面板

在框架的"属性"面板中设置以下参数：

1）框架名称：用来作为链接指向的目标，也可被 JavaScript 程序引用。

2）源文件：显示框架网页文档的路径及文件名称，单击文本框后的【浏览】按钮，可在打开的对话框中重新指定。

3）滚动：用来设置当框架内的内容显示不下的时候是否出现滚动条。"是"表示始终显示；"否"表示始终不显示；"自动"表示当框架文档内容超出框架大小时，才显示；"默认"表示采用大多数浏览器采用的自动方式。

4）不能调整大小：选中时则不能在浏览器中通过拖动框架边框来改变框架大小。

5）边框：设置是否显示框架的边框，有"是"、"否"和"默认"三个选项。

6）边框颜色：设置框架的颜色。

7）边界宽度：设置框架边界和内容之间的左右边距，以像素为单位。

8）边界高度：设置框架边界和内容之间的上下边距，以像素为单位。

2. 设置框架集属性

单击框架的边框，选中框架集，在文档窗口下端将出现框架集的属性面板，如图12-58所示。

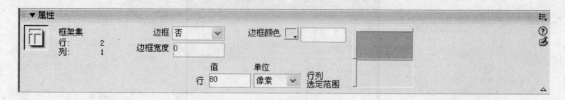

图 12-58　框架集的属性面板

框架集的属性面板各设置参数的含义和框架的属性面板基本相同，不同之处在于：在"行"或"列"栏中，可设置框架的行或列的宽度（即框架的大小）；在"单位"下拉列表框中，选择度量单位后即可输入所需数值。

12.3.5 在 HTML 代码创建框架

框架的作用就是把浏览器窗口划分为若干个区域，每个区域可以分别显示不用的网页。使用框架可以方便地完成导航工作，而且各个框架之间绝不存在干扰问题，所以框架技术一直普遍应用于页面导航。

1. 框架属性设置 frameset

语法格式如下：

〈frameset 属性＝"属性值"〉

　〈frame〉

　〈frame〉

……

〈/frameset〉

说明：〈frameset〉标记用来定义怎样将一个窗口划分为多个框架。每一个〈frameset〉标记可以定义一行或者一列元素，它用来控制浏览器窗口中框架的布局视图。例如以下：

〈html〉

〈head〉

〈meta http-equiv＝"content-Type" content＝"text/html;charset＝utf-8"/〉

〈title〉无标题文档〈/title〉

〈/head〉

〈frameset rows＝"80,＊" cols＝"＊" frameborder＝"no" border＝"0" framespacing＝"0"〉

·〈frame src＝"file:///D|/dreamweaver cs3/UntitledFrame-2" name＝"topFrame" scrolling＝"no" noresize＝"noresize" id＝"topFrame"/〉

　〈frameset cols＝"80,＊" frameborder＝"no" border＝"0" framespacing＝"0"〉

　〈frame src＝"file:///D|/dreamweaver cs3/UntitledFrame-3" name＝"leftFrame" scrolling＝"no" noresize＝"noresize" id＝"leftFrame"/〉

　〈frame src＝"file:///D|/dreamweaver cs3/UntitledFrame-1" name＝"mainFrame" id＝"mainFrame"/〉

　〈/frameset〉

〈/frameset〉

〈noframes〉〈body〉

〈/body〉

〈/noframes〉〈/html〉

代码中加粗部分的标记是一个上方固定、左侧嵌套的框架网页，在浏览器中预览，如图12-59 所示。

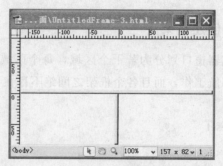

图 12-59　上方固定、左侧嵌套的框架网页

2. 框架页面名称 name

页面名称是为了便于页面的查找和链接所提供的一个属性。语法格式如下：

〈frame name＝"框架名称"〉

说明：框架的页面名称中不允许包含特殊字符、连字符、空格等，必须是单个的单词或者字母组合。例如如下代码：

〈html〉

〈head〉

〈meta http-equiv＝"content-Type" content＝"text/html;charset＝utf-8"/〉

〈title〉无标题文档〈/title〉

〈/head〉

〈frameset rows＝"80,* " cols＝"* " frameborder＝"yes" border＝"1" framespacing＝"1"〉

〈frame src＝"top. html" name＝"topFrame" scrolling＝"no" noresize＝"noresize" id＝"topFrame"/〉

〈frameset cols＝"80,* " frameborder＝"yes" border＝"1" framespacing＝"1"〉

〈frame src＝"left. html" name＝"leftFrame" scrolling＝"no" noresize＝"noresize" id＝"leftFrame"/〉

〈frame src ＝" right. html" name ＝" main-Frame" id＝"mainFrame"/〉

〈/frameset〉

〈/frameset〉

〈noframes〉〈body〉

〈/body〉

〈/noframes〉〈/html〉

代码中加粗部分的标记是框架网页，在浏览器中预览，效果如图 12-60 所示。

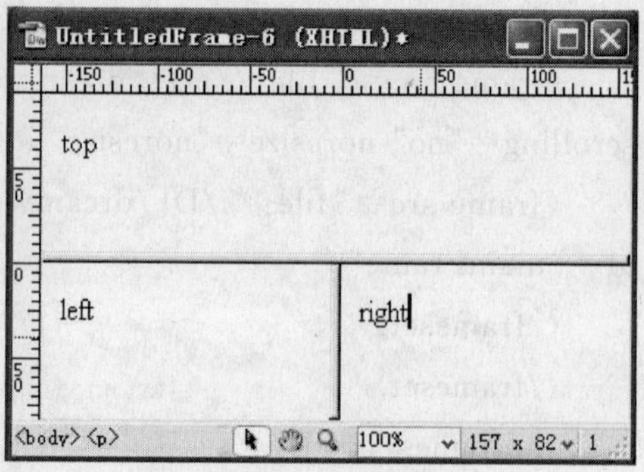

3. 使用 src 标记

每一个内嵌套框架结构都有一个默认初始页面，src 属性用来指定这个页面的 URL 链接地址。这个地址可以是绝对路径、相对路径，也可以是一个页面的链接锚点定位，甚至可以是当前文档本身，这样产生的效果就是无限层次的页嵌入框架。语法格式如下：

图 12-60　框架名称标记

〈frame scr="URL"〉

说明：通过 src 属性设置框架显示的文件路径。例如下列代码：

〈! DOCTYPE html PUBLIC"-//W3C//DTD XHTML 1.0 Transitional//EN" " http://www.w3.org/TR/xhtml1/DTD/xhtml1 - transitional.dtd"〉

〈html xmlns="http://www.w3.org/1999/xhtml"〉

〈head〉

〈meta http-equiv="Content-Type" content="text/html; charset=utf - 8" /〉

〈title〉无标题文档〈/title〉

〈/head〉

〈iframe src="http://www.google.com" width="600" height="400"〉〈/iframe〉

〈body〉

〈/body〉

〈/html〉

代码中加粗部分的标记是框架网页，在浏览器中预览，效果如图 12 - 61 所示。

图 12 - 61　src 标记

12.3.6　内框架 iframe

目前在很多网站中流行一种内置框架的效果，即在网页内部有一个完全独立的框架用于显示一个独立的页面，这是内框架 iframe 效果。下面讲述使用标签选择器插入内框架 iframe，具体步骤如下：

1) 将鼠标置于要创建内框架的网页文档页面中，在菜单栏中选择【插入记录】→【标签】命令，弹出"标签选择器"对话框。或选择菜单栏中【窗口】→【插入】命令，打开"插入"工具栏的"常用"选项卡，单击【标签选择器】按钮 ，也可弹出"标签选择器"对话框，如图 12 - 62 所示。

2) 在对话框中单击"HTML 标签"项，在弹出的选项中选择"页元素"项，在右边的列表框中选择"iframe"，如图 12 - 63 所示。

图 12-62 "标签选择器"对话框

图 12-63 选择"iframe"项

3）单击【插入】按钮，弹出"标签编辑器-iframe"对话框，在该对话框中单击"源"文本框右边的【浏览】按钮，在弹出的"选择文件"对话框中选择相应的文件后，单击【确定】按钮将文件添加到"源"文本框中。在"名称"文本框中输入名称，"宽度"设置为250，"高度"设置为153，如图 12-64 所示。

4）单击【确定】按钮，在"拆分"视图下可以看到插入的标签。

5）保存网页文档，按〈F12〉在浏览器中浏览，内框架 iframe 网页效果如图 12-65 所示。

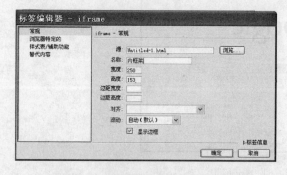
图 12-64 "标签编辑器-iframe"对话框

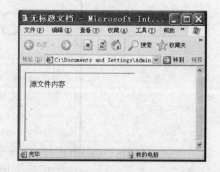
图 12-65 "iframe 框架"效果

"标签编辑器-iframe"对话框中主要有以下参数：

1）源：单击右边的【浏览】按钮，在弹出的对话框中选择文件。

2）名称：在文本框中输入相应的名称，作为这个 iframe 的标识。

3）宽度和高度：可以输入像素值，也可以输入百分比。

4）边距宽度和边距高度：设置和外围标签的边距。

5）对齐：设置对齐方式。

6）滚动：设置是否允许出现滚动条。

7）显示边框：选择是否出现边框。

习 题

一、填空题

1. ＿＿＿＿＿＿＿可以将浏览器显示窗口分割成多个子窗口，每个窗口都是一个独立的网页文档。

2. 框架由两个主要部分组成：_____和_____。

3. 框架集的属性面板各设置参数的含义和框架的属性面板基本相同，其不同之处在于_____。

4. 在编辑窗口中选择框架时，需同时按住_____键，在选择的框架中单击鼠标左键即可选择该框架。若要选择框架集，单击需要选择的框架集的_____即可。

5. 在网页内部有一个完全独立的框架用于显示一个独立的页面，这是_____的效果。

二、上机操作

制作如图 12 - 66 所示的内框架。

图 12 - 66 内框架

第13章　利用库和模板创建网页

学习目标:

1) 了解模板的概念。
2) 熟练掌握模板的创建、应用、更新和管理。
3) 掌握库的创建及管理。

13.1　案例——模板的典型应用

13.1.1　案例介绍

本案例是运用模板创建某网站主页面,用于查看该公司的相关信息,实例效果如图 13-1 所示。

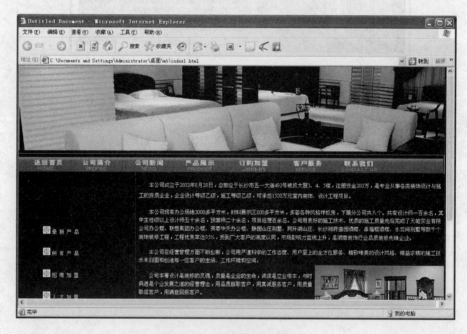

图 13-1　创建模板网页效果

13.1.2　案例分析

本案例是一个典型的模板应用实例,用到的知识点主要有模板和表格。利用模板实现把网页布局和内容分离,在布局好之后将其存储为模板,这样相同布局的页面可以通过模板创建,因此能够极大地提高工作效率。本案例通过模板的创建、应用、更新等功能实现某公司网页的制作。

13.1.3　案例实现

1. 创建模板

1）执行菜单栏中的【文件】→【新建】命令，弹出"新建文档"对话框，在对话框中选择"空模板"→"HTML 模板"→"无"选项，如图 13 - 2 所示。单击【确定】按钮，创建空白文档。

2）执行【文件】→【另存为】命令，弹出"Adobe Dreamweaver CS3"提示对话框，如图 13 - 3 所示。

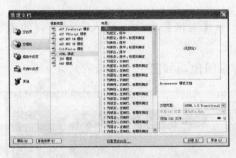

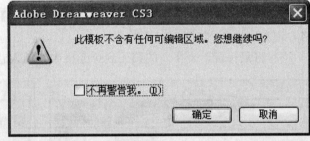

图 13 - 2　"新建文档"对话框　　　　图 13 - 3　"Adobe Dreamweaver CS3"提示对话框

3）单击【确定】按钮，弹出"另存为"对话框，在对话框中的"文件名"文本框中输入"moban. dwt"。单击【确定】按钮，将该模板保存到相应的目录下。

4）执行【插入记录】→【表格】命令，弹出"表格"对话框，在对话框中将"行数"设置为 2，"列数"设置为 1，"表格宽度"设置为"100 百分比"。单击【确定】按钮，插入表格，记为表格 1，如图 13 - 4 所示。

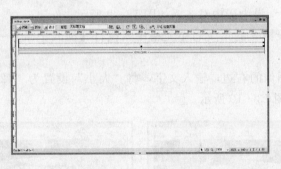

图 13 - 4　插入表格 1

5）将鼠标置于表格 1 的第 1 行单元格中，执行"【插入记录】→【图像】命令，插入图像 1，如图 13 - 5 所示。

6）将鼠标置于表格 1 的第 2 行单元格中，执行【插入记录】→【图像】命令，插入图像 2，如图 13 - 6 所示。

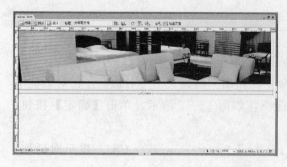

图 13－5　插入图像 1

图 13－6　插入图像 2

7）将鼠标置于表格 1 的右边，执行【插入记录】→【表格】命令，插入 1 行 2 列的表格，记为表格 2，如图 13－7 所示。

8）将鼠标置于表格 2 的第 1 列单元格中，插入背景图像，如图 13－8 所示。

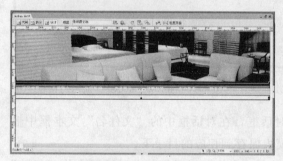

图 13－7　插入表格 2

图 13－8　插入背景图像

9）将鼠标置于背景图像上，执行【插入记录】→【表格】命令，插入 5 行 1 列的表格，记为表格 3，将"对齐"设为居中对齐，如图 13－9 所示。

10）将鼠标置于表格 3 的第 1 行单元格中，执行【插入记录】→【图像】命令，插入图像。

11）将鼠标置于图像的右边，输入文字，将"大小"设置为"12 像素"，"颜色"设置为"＃FFFFFF"，如图 13－10 所示。

图 13－9　插入表格 3

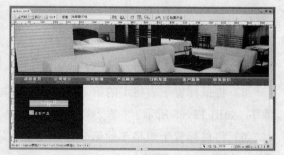

图 13－10　输入汉字

12）分别在表格 3 的其他单元格中插入图像，输入文字并设置颜色，如图 13－11 所示。

13）将鼠标置于表格 2 的第 2 列单元格中，将"垂直"设置为"顶端"，执行【插入记录】→【模板对象】→【可编辑区域】命令，如图 13-12 所示。

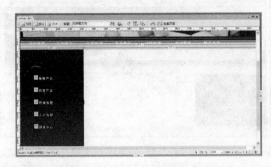

图 13-11　插入图像并输入汉字　　　　图 13-12　插入可编辑区域

14）执行命令后，弹出"新建可编辑区域"对话框，在对话框中的"名称"文本框中输入可编辑区域的名称，如图 13-13 所示。单击【确定】按钮，插入可编辑区域，如图 13-14 所示。

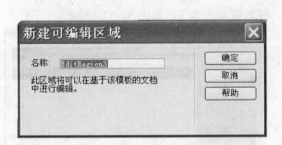

图 13-13　"新建可编辑区域"对话框　　　图 13-14　插入可编辑区域

15）将鼠标置于表格 2 的右边，执行【插入记录】→【表格】命令，插入 1 行 1 列的表格，记为表格 4，如图 13-15 所示。

16）将鼠标置于表格 4 中，执行【插入记录】→【图像】命令，插入图像，如图 13-16 所示。

17）执行【文件】→【保存】命令，保存当前已创建好的模板。

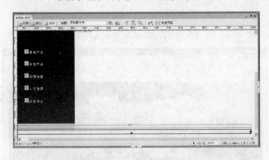

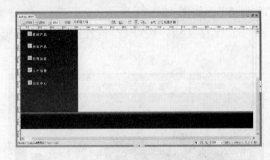

图 13-15　插入表格 4　　　　　　　图 13-16　插入图像

2. 利用模板创建网页

1）执行【文件】→【新建】命令，弹出"新建文档"对话框，在对话框中选择"模板中的页"→"zd1"→"moban"项，如图 13-17 所示。单击【创建】按钮，创建一基于模板的文档。

2）执行【文件】→【保存】命令，弹出"另存为"对话框，将文件保存到相应的目录下，将文件命名为"index1. html"，如图 13-18 所示。单击【确定】按钮，保存文档。

　　图 13-17　选择模板对话框　　　　　　　　图 13-18　创建模板文档

　　3）将鼠标置于可编辑区域中，执行【插入记录】→【表格】命令，插入 1 行 2 列的表格，"表格宽度"设置为"100 百分比"。单击【确定】按钮，插入表格，将"对齐"设置为"左对齐"。

　　4）将鼠标置于该表格的第 1 列单元格中，插入背景图像 1，如图 13-19 所示。

　　5）将鼠标置于该表格的第 2 列单元格中，插入背景图像 2，如图 13-20 所示。

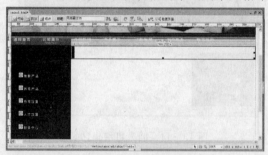

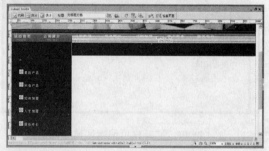

　　图 13-19　插入背景图像 1　　　　　　　　图 13-20　插入背景图像 2

　　6）将鼠标置于表格第 2 列单元格中，输入文字，将"大小"设置为"12 像素"，"颜色"设置为"#FFFFFF"。

　　7）将鼠标置于文字中，执行【插入记录】→【图像】命令，弹出"选择图像源文件"对话框，选择所需图像，单击【确定】按钮，插入图像。在属性面板中将"对齐"设置为"右对齐"，如图 13-21 所示。

　　8）保存文档，按〈F12〉键在浏览器中预览，效果如图 13-22 所示。

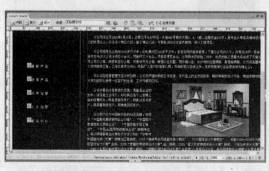

　　图 13-21　插入图像　　　　　　　　　　图 13-22　创建网页效果图

3. 修改模板

　　1）打开文件名为"moban.dwt"的模板网页，如图 13-23 所示。

2）将鼠标置于可编辑区域，打开属性面板，"分类"栏中选择"外观"项，在"背景颜色"文本框中输入"＃9D3120"，如图 13-24 所示。

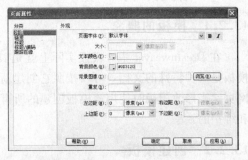

图 13-23　打开模板网页　　　　　　　　　　　图 13-24　"页面设置"对话框

3）单击【确定】按钮，插入背景颜色，效果如图 13-25 所示。

4）执行【文件】→【保存】命令，弹出"更新模板文件"对话框，提示是否更新，如图 13-26 所示。

图 13-25　插入背景颜色　　　　　　　　　　　图 13-26　"更新模板文件"对话框

5）单击【更新】按钮，弹出"更新页面"对话框，单击【关闭】即可，如图 13-27 所示。

6）打开利用模板创建的网页，可以看到更新后的效果如图 13-1 所示。

7）打开模板，执行【文件】→【另存为】命令，弹出"另存为"对话框，将文件命名为"moban1. dwt"。

8）执行【窗口】→【资源】命令，打开"资源"面板。在面板中单击【模板】按钮 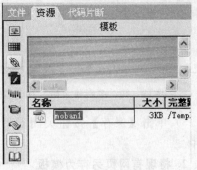，打开模板列表，选中要重命名的模板名称，双击模板名称或右键单击，在弹出的菜单中选择【重命名】命令，如图 13-28 所示。在反白区中输入"moban2. dwt"，按〈Enter〉键即可。

图 13-27　"更新页面"对话框　　　　　　　　　图 13-28　重命名模板

13.2 相关知识

13.2.1 模板的概念

在 Dreamweaver 中，模板实际上就是具有固定格式和内容的文件，文件扩展名为.dwt。模板是一种特殊的文档，可以按照它创建新的网页，从而得到与模板相似但又有所不同的新的网页。当修改模板时使用该模板创建的所有网页可以一次自动更新，这就大大提高了网页更新和维护的效率。

13.2.2 创建模板

由于模板提供的是一种对站点中文档的管理功能，因此，在创建模板前应先创建站点，否则创建模板时系统会提示先创建站点。创建模板后应指定可选区域，否则整个文档都变成了不可编辑区域，无法对其进行编辑，所有的网页都一样了，也就失去了模板的作用。

创建模板有两种方式：直接创建空白模板和将现有网页另存为模板。

1. 直接创建空白模板

空白网页模板就如空白网页文档一样，只是创建的模板文件的扩展名为.dwt。创建好空白网页模板文档后，可像编辑普通网页一样创建网页内容，然后再指定可编辑区域，保存模板文档后即可用该模板文档创建其他的网页了。具体步骤如下：

1）选择菜单栏中的【文件】→【新建】命令，打开"新建文档"对话框。在"空模板"选项卡的"模板类型"列表框中选择"HTML 模板"项，在其他的列表框中选择"无"，如图 13-29 所示。

2）单击【创建】按钮关闭对话框，完成空白网页模板的创建。

3）像编辑普通网页一样创建网页文档内容。指定可编辑区域（见本节 3）后，选择【文件】→【保存】命令，打开"另存为模板"对话框。

4）在"站点"下拉列表框中选择保存模板的站点，在"另存为"文本框中输入模板的名称，如图 13-30 所示。

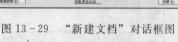

图 13-29 "新建文档"对话框图

图 13-30 "另存为模板"对话框

5）单击【保存】按钮关闭对话框，模板文件即被保存在指定站点的 Templates 文件夹中。

2. 将现有网页另存为模板

像制作普通网页文档一样制作出一个完整的网页，然后将其另存为模板并指定可编辑区域，在制作其他网页时就可以通过该模板进行创建。具体步骤如下：

1) 在 Dreamweaver 中打开需存为模板的已制作好的网页，选择菜单栏中的【文件】→【另存为模板】命令，打开"另存为模板"对话框。

2) 在"站点"下拉列表框中选择保存模板的站点，在"另存为"文本框中输入模板的名称，如图 13-31 所示。

3) 单击【保存】按钮关闭对话框，模板文件即被保存在指定站点的 Templates 文件夹中，扩展名为 .dwt，如图 13-32 所示。

图 13-31　"另存为模板"对话框

图 13-32　新建的模板

3. 创建可编辑区域

可编辑区域是指通过模板创建的网页中可以进行添加、修改和删除网页元素等操作的区域，可以将模板中的任何对象指定为可编辑区域，如表格、表格行、文本及图像等网页元素。具体步骤如下：

1) 在 Dreamweaver 中打开创建的模板网页，将鼠标定位到需创建可编辑区域的位置或选择要设置为可编辑区域的对象。

2) 在"插入"工具栏的"常用"选项卡中，单击【创建模板】按钮后的下拉箭头，在弹出的下拉菜单中选择【可编辑区域】命令；或选择菜单栏中的【插入记录】→【模板对象】→【可编辑区域】命令，打开"新建可编辑区域"对话框，如图 13-33 所示。

3) 在"名称"文本框中输入可编辑区域的名称。单击【确定】按钮关闭对话框，则模板中创建的可编辑区域以绿色高亮显示，如图 13-34 所示。

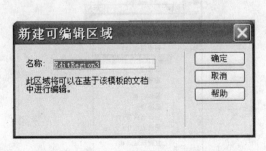

图 13-33　"新建可编辑区"对话框

图 13-34　可编辑区域

13.2.3 应用模板

若要用模板创建新网页，可以使用"从模板新建"对话框，并从任意站点中选择模板，也可以使用"资源"面板从已有模板创建新的网页，还可以给当前网页应用模板。

1. 从"从模板新建"对话框创建新网页

在"从模板新建"对话框中，可选择任一站点的模板创建新网页。具体步骤如下：

1）选择【文件】→【新建】命令，打开"新建文档"对话框。

2）在"模板中的页"选项卡的"站点"列表框中选择所需站点，然后从右侧的列表框中选择所需的模板，如图 13-35 所示。

3）单击【创建】按钮，通过模板创建的新网页将出现在窗口中，如图 13-36 所示。

图 13-35　选择模板　　　　　　图 13-36　通过模板创建新网页

2. 使用"资源"面板创建新网页

在"资源"面板中，只能使用当前站点的模板创建网页。具体步骤如下：

1）选择菜单栏中的【窗口】→【资源】命令或按〈F11〉键，打开"资源"面板。

2）在"资源"面板中单击左侧的【模板】按钮，查看当前站点中的模板列表，如图 13-37 所示。

3）用鼠标右键单击所需的模板，在弹出的快捷菜单中选择【从模板新建】命令。如图 13-38 所示，从模板新建的网页将会在编辑窗口打开。

图 13-37　"资源"面板　　　　　图 13-38　选择【从模板新建】命令

3. 为网页应用模板

可以为已编辑的网页应用模板，即将已编辑的网页内容套用到模板中。具体步骤如下：

1）在 Dreamweaver 中打开需应用模板的网页。

2）选择【窗口】→【资源】命令或按〈F11〉键，打开"资源"面板，单击左侧的【模板】按钮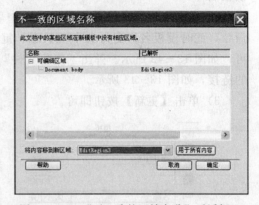，打开模板列表。

3）在模板列表中选中要应用的模板，单击面板右下角的【应用】按钮。

4）如果网页中有不能自动指定到模板区域的内容，会打开"不一致的区域名称"对话框，如图 13-39 所示。

5）在该对话框的"可编辑区域"列表中，选择应用模板中的可编辑区域。

图 13-39 "不一致的区域名称"对话框

6）在"将内容移到新区域"下拉列表框中选择将现有内容移到新模板中的区域，如果选择"不在任何地方"选项，表示将不一致的内容从新网页中删除。

7）单击【确定】按钮关闭对话框，将现有网页中的内容应用到指定的区域。

13.2.4 更新模板

当模板中某些共用部分的内容不太合适时，可对模板进行修改。模板修改并进行保存时，会打开"更新模板文件"对话框。每次修改后，可以利用 Dreamweaver 的站点管理特性，自动对这些文档进行更新，从而改变文档的风格。具体步骤如下：

1）打开模板文档，选中文字，在属性面板中的"链接"文本框中输入链接目标。

2）单击【创建】按钮，在菜单栏中选择【文件】→【保存】命令，弹出"更新模板文件"对话框，在该对话框中提示是否更新站点中用该模板创建的网页，如图 13-40 所示。单击【更新】按钮可更新通过该模板创建的所有网页，单击【不更新】按钮则只是保存该模板而不更新通过该模板创建的网页。

3）单击【更新】按钮，弹出"更新页面"对话框，如图 13-41 所示。

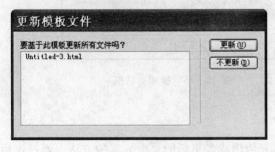

图 13-40 "更新模板文件"对话框

图 13-41 "更新页面"对话框

13.2.5 管理模板

1. 重命名模板

对已经保存的模板，可对其名称进行重命名。具体步骤如下：

1）打开"资源"面板，单击左侧的【模板】按钮 ，打开模板列表，选中要重命名的模板名称。

2）鼠标左键单击该模板名称或选中后右键单击，在弹出的快捷菜单中选择【重命名】命令，此时模板名称变为文本框状态。键入重新命名的文件名，然后在空白处单击左键即可，如图13-42所示。弹出"更新文件"对话框，在该对话框中提示是否更新网页中创建的链接，如图13-43所示。

3）单击【更新】按钮即可。

图 13-42　重命名模板

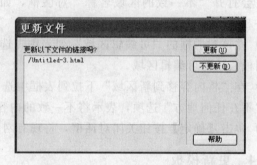

图 13-43　"更新文件"对话框

2. 删除模板

对于未使用的模板，可以将其删除。具体步骤如下：

1）在"文件"面板中选中要删除的模板文件。

2）按〈Delete〉键或单击右键选择快捷菜单中的【编辑】→【删除】删除模板文件，在弹出的对话框中单击【是】按钮，如图13-44所示。如果站点中有通过该模板创建的网页，则会打开如图13-45所示的提示对话框。

3）如果确认要删除，单击【是】按钮；如果不想删除，则单击【否】按钮。

图 13-44　"删除文件"对话框

图 13-45　提示对话框

13.2.6　应用库元素

库是一种用来存储要在整个站点上经常重复使用或者更新的页面元素的方法。通过库可以有效地管理和使用站点上的各种资源。

1. 创建库项目

在 Dreamweaver 中，可以将文档页面中的元素创建成库项目，这些元素包括文本、表格、表单等。创建库项目的具体操作步骤如下：

1）执行菜单栏中的【文件】→【新建】命令，打开"新建文档"对话框，在对话框中选择"空白页"→"库项目"选项，如图 13-46 所示。

2）单击【创建】按钮，创建一个空白的文档，如图 13-47 所示。

图 13-46 "新建文档"对话框 　　　　　图 13-47 新建文档

3）将鼠标置于页面中，执行【插入记录】→【表格】命令，插入 2 行 1 列的表格，如图 13-48 所示。

4）将鼠标置于第 1 行单元格中，执行【插入记录】→【图像】命令，弹出"选择图像源文件"对话框，在对话框中选择图像，如图 13-49 所示。

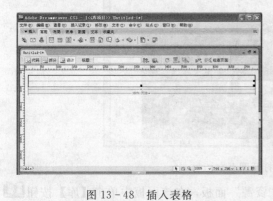

图 13-48 插入表格 　　　　　图 13-49 "选择图像源文件"对话框

5）单击"确定"按钮，插入图像，如图 13-50 所示。

6）将鼠标置于第 2 行单元格中，插入背景图像，如图 13-51 所示。

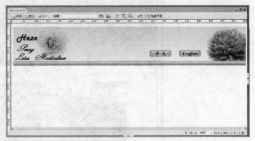

图 13-50 插入图像 　　　　　图 13-51 插入背景图像

7）执行【文件】→【保存】命令，弹出"另存为"对话框，在对话框中的"文件名"

文本框中输入"top.lbi",如图 13-52 所示。

    8）单击【保存】按钮，即可创建库，如图 13-53 所示。

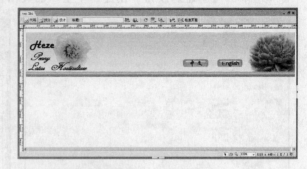

图 13-52   "另存为"对话框   图 13-53   创建库项目

2. 应用库项目

将库项目应用到文档，实际内容以及对项目的引用就会被插入到文档中。在文档中应用库项目的具体步骤如下：

    1）在 Dreamweaver 中，打开网页文档，如图 13-54 所示。

图 13-54   打开网页文档

    2）将鼠标置于要插入库项目位置，打开"资源"面板，在该面板中单击【库】按钮📖。右键单击创建好的库项目文件名，在弹出的快捷菜单中选择【插入】命令，即可将库文件插入到文档中，如图 13-55 所示。

图 13-55   插入库项目

3）保存网页，在浏览器中浏览网页，效果如图 13－56 所示。

图 13－56　浏览网页

3. 设置库属性

选中库项目，在属性面板中可以对其进行相应的设置，如图 13－57 所示。

图 13－57　库文件的属性面板

库文件的属性面板中主要有以下参数：

1）Src：显示库项目所在的路径。

2）打开：可以打开库文件进行编辑。

3）从源文件中分离：与库之间的连接状态被切断，并成为独立的元素。

4）重新创建：用当前选定的项目来取代原来的项目。如果在库中删除了原来的项目就会在这里恢复。

4. 编辑库项目和更新站点

在 Dreamweaver 中，可以编辑库项目。在编辑库项目时，可以选择更新站点中所有含有此库项目的页面，从而达到批量更改页面的目的。编辑与更新库项目的操作步骤如下：

1）执行菜单栏中的【窗口】→【资源】命令，打开"资源"面板，在面板单击【库】按钮，显示库文件，如图 13－58 所示。

2）选中库项目，单击【编辑】按钮 或右键单击库项目文件名，在弹出的快捷菜单中选择【编辑】按钮，即可在 Dreamweaver 中打开库项目，如图 13－59 所示。

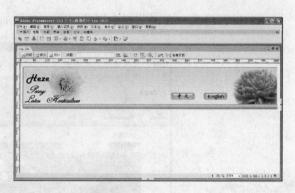

图 13-58　"资源"面板　　　　　　　　　　　图 13-59　打开库项目

3）将鼠标置于背景图像上，执行【插入】→【表格】命令，插入 1 行 1 列的表格，如图 13-60 所示。

4）分别在单元格中插入图像，如图 13-61 所示。

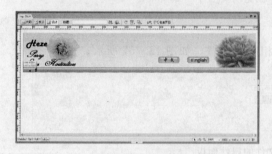　　　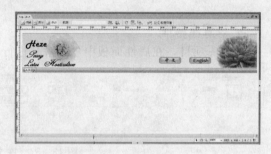

图 13-60　插入表格　　　　　　　　　　　　图 13-61　插入图像

5）执行【修改】→【库】→【更新页面】命令，弹出"更新页面"对话框，在对话框中选择库文件所在的站点，"更新"项后勾选"库项目"复选框，再单击【开始】按钮，如图 13-62 所示。

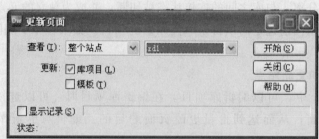

图 13-62　"更新页面"对话框

6）更新完毕，单击【关闭】按钮即可。

注意：编辑库项目时"CSS 样式"面板不可用，因为库项目中只能包含 body 元素，而 CSS 代表的代码位于文档的 head 部分。

习　题

一、填空题：

1. 模板是具有固定格式和内容的文件，文件扩展名必须保存为_____。

2. 在 Dreamweaver 中，＿＿＿＿＿＿＿是一种特殊的文档，可以按照模板创建新的网页，从而得到与模板相似但又有所不同的新的网页。

3. ＿＿＿＿＿＿＿＿＿是指通过模板创建的网页中可以进行添加、修改和删除网页元素等操作的区域，可以将模板中的任何对象指定为可编辑区域，如表格、表格行、文本及图像等网页元素。

4. ＿＿＿＿＿＿＿是一种用来存储要在整个站点上经常重复使用或者更新的页面元素的方法。通过它可以有效地管理和使用站点上的各种资源。

二、上机操作

将现有的网页文件另存为模板并插入可编辑区域，效果如图 13-63 所示。

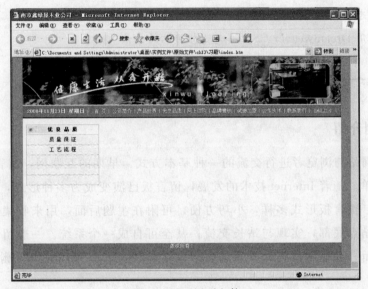

图 13-63　网页文件

第 14 章　动态数据库网站开发基础

学习目标：

1) 掌握动态网站运行环境的配置。
2) 掌握利用 Dreamweaver CS3 创建动态网站的方法。

14.1　案例——留言板

14.1.1　案例介绍

留言板是网站与浏览者进行交流的一种基本方式。早期的互联网，留言板很受欢迎，功能也相对简单。随着 Internet 技术的发展，留言板已演变成为多种形式，如论坛、新闻发布、博客等。留言板形式多样，小巧方便，可附在主题后面，用来收集浏览者个人评价；也可附在站点底部，实现与站长交流；甚至可自成一个系统。一般留言板都包含书写留言、存储留言、显示留言和管理留言等几个模块，其中管理又包含删除、修改、回复等功能。

本章实例只涉及留言板的基本功能，包括查看留言、添加留言、修改留言、删除留言等，实例效果如图 14 - 1 所示。

14.1.2　案例分析

本案例所需功能都是动态网站常见的功能，利用 Dreamweaver CS3 可以方便地实现。其中：

查看留言，可以先创建记录集，把存储于数据库中的留言内容等动态内容插入到页面相应位置，然后再利用重复区域、记录集分页和显示区域等服务器端行为来实现。

添加留言，利用服务器端行为插入记录来实现。

修改留言，需要把修改的记录信息传递给修改表单，在表单中显示出来，修改之后再用服务器行为更新记录来更新数据库。

删除留言，需要把删除记录信息传递给删除表单，利用服务器行为删除记录来删除数据库中的记录。

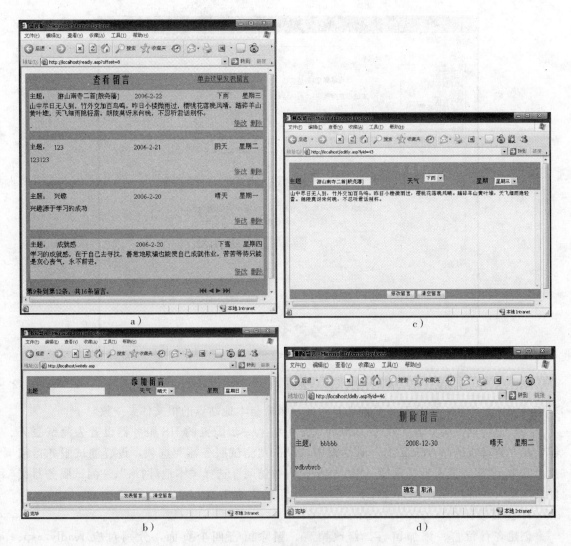

图 14-1　留言板实例效果

a）查看留言　b）添加留言　c）修改留言　d）删除留言

14.1.3　案例实现

1. 定义本地站点

新建站点，打开如图 14-2 所示的站点定义对话框，设置本地信息，站点名称为"留言板"，本地根文件夹为"E:\ch14\"。

2. 配置动态网站运行环境

（1）配置 IIS 服务器

1）选择【开始】→【控制面板】命令，打开"控制面板"窗口。双击【管理工具】图标，打开"管理工具"窗口，双击【Internet 信息服务】图标，打开"Internet 信息服务"窗口。

2）右击"默认网站"项，在弹出的快捷菜单中选择【属性】命令，弹出"默认网站属性"对话框。选择"网站"选项卡，在"IP 地址"文本框中选择"（全部未分配）"项；在"主目录"选项卡中，在"本地路径"右侧的文本框中输入网站的本地路径"E:\ch14"，或者

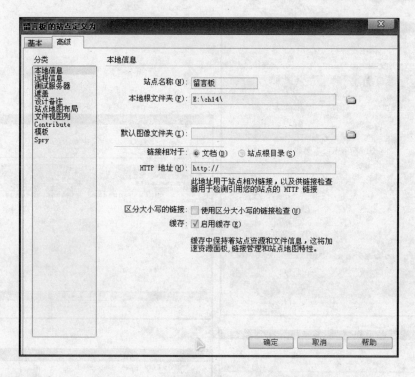

图 14-2 "留言板的站点定义为"对话框

单击【浏览】按钮，完成对目录的选择，此目录应与本地站点的根文件夹一致。

（2）设置测试服务器 在 Dreamweaver 中将上一步配置的 IIS 服务器设置为测试服务器，在"留言板的站点定义为"对话框中，单击"测试服务器"选项，设置测试服务器信息。其中："服务器模型"选择 ASP VBScript；"访问"选择"本地/网络"；"测试服务器文件夹"输入或选择"E:\ch14"；"URL 前缀"采用默认的"http://localhost/"。

3. 页面设计

创建查看留言、添加留言、修改留言、删除留言四个页面，分别对应 readly. asp、writely. asp、editly. asp、delly. asp 四个文件，把页面的静态内容布局设计好。

（1）查看留言 这个页面用于显示留言，用表格实现页面布局。其中用于显示留言记录的区域应为独立的表格，以方便重复显示记录。单元格要与记录字段对应，"修改 删除"所在行与显示留言的单元格为同一表格。页面设计效果如图 14-3 所示。

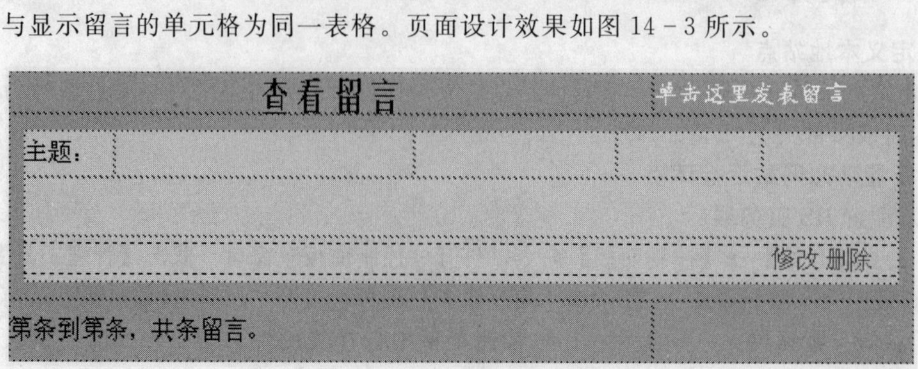

查看留言　　　　　单击这里发表留言

主题：

　　　　　　　　　　　　　　　　修改 删除

第 条到第 条，共 条留言。

图 14-3 查看留言页面设计

（2）添加留言　这个页面用于发表留言，利用表单实现信息输入，用表格实现页面布局。页面设计效果如图 14-4 所示。

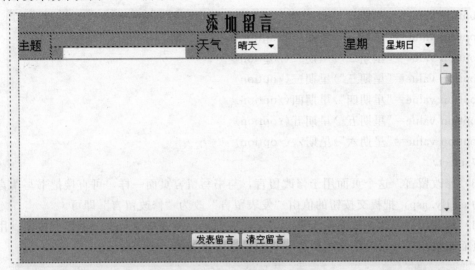

图 14-4　添加留言页面设计

本页表单中各个对象属性设置见表 14-1。

表 14-1　Form1 表单对象设置

对　　象	名　　称	类型	设置说明
表单	Form1	表单	设置"方法"为"POST"，在"动作"文本框中可以设置要提交表单数据到的页面地址，用户可以先设置，当插入服务器行为后，会自动设置一个变量〈%＝MM_editAction%〉
文本框	Txt _ title	单行	标题文本框的"字符宽度"设置为 20，"最多字符数"为 20
文本框	Txt _ content	多行	内容文本框的"字符宽度"设置为 60，"行数"为 12，"换行"为"默认"
列表/菜单	Txt _ weather	菜单	列表值设置可参见下面代码
列表/菜单	Txt _ week	菜单	列表值设置可参见下面代码
按钮	Button	提交	"值"为"发布留言"，"动作"为"提交表单"
按钮	Button2	重设	"值"为"清空留言"，"动作"为"重设表单"

有关下拉列表的列表值设置代码如下：

〈select name＝"txt_weather" size="1" id="txt_weather"〉
〈option value＝"晴天" selected＝"selected"〉晴天〈/option〉
〈option value＝"阴天"〉阴天〈/option〉
〈option value＝"下雨"〉下雨〈/option〉
〈option value＝"下雪"〉下雪〈/option〉
〈option value＝"雷雨"〉雷雨〈/option〉
〈option value＝"大风"〉大风〈/option〉

〈/select〉

〈select name="txt_week" id="txt_week"〉

〈option value="星期日" selected="selected"〉星期日〈/option〉

〈option value="星期一"〉星期一〈/option〉

〈option value="星期二"〉星期二〈/option〉

〈option value="星期三"〉星期三〈/option〉

〈option value="星期四"〉星期四〈/option〉

〈option value="星期五"〉星期五〈/option〉

〈option value="星期六"〉星期六〈/option〉

〈/select〉

（3）修改留言　这个页面用于修改留言，与书写留言页面一样，可直接把书写留言页面另存为 editly. asp，把提交按钮的值由"发表留言"改为"修改留言"即可。

（4）删除留言　这个页面用于删除留言，需创建一个表单及至少一个提交按钮。用表格实现页面布局用于显示要删除的留言。页面设计效果如图 14-5 所示。

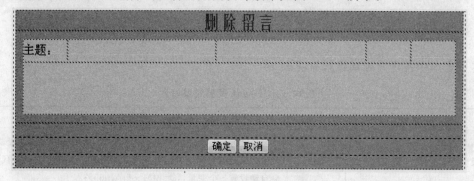

图 14-5　删除留言页面设计

4. 数据库设计

本例数据库采用 Microsoft Access 数据库，数据库名为 day. mdb，包含一个表 day，主要存储用户留言内容，该表数据结构设计见表 14-2。

表 14-2　day 表字段列表

字　　段	类　　型	字段大小	必填字段	允许空字符串	说　　明
id	自动编号	—	—	—	自动编号
title	文本	200	是	否	留言标题
content	备注	—	是	否	留言内容
weather	文本	50	是	否	当天天气
date	日期/时间	—	是	否	发表日期
week	文本	50	是	否	星期

day 表在 Microsoft Access 中的实现如图 14-6 所示。由于 date 字段是日期/时间类型数据，可以在"默认值"中输入内置函数 Date（），当增加一条记录时，如果不明确指明该字段的日期，则系统就会自动以当前日期填写该字段。

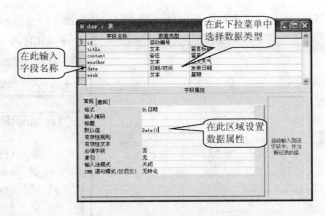

图 14 - 6　设置 day 表字段属性

5. 功能实现

动态网页的核心就是使网页建立与服务器后台数据库的联系，然后从中查询需要显示的数据，并使其显示在页面中。这个过程实际上就是建立数据库连接、定义记录集、插入记录集到页面、控制记录集的显示和添加服务器行为等。

(1) 建立 OBDC 数据源

1) 单击 "控制面板" 的 "管理工具" 中的 "数据源（ODBC）" 图标，弹出 "ODBC 数据源管理器" 对话框。

2) 选择 "系统 DNS" 选项卡，单击【添加】按钮，选择 "Microsoft Access Driver (＊.mdb)" 驱动程序。

3) 单击【完成】按钮，弹出 "ODBC 安装" 对话框，选择数据库的路径 "E:\ch14\day.mdb"，在 "数据源名" 文本框中输入数据源名称 "dsn_lyb"。单击【确定】按钮，在 "ODBC 数据源管理器" 对话框中就可以看到数据源 dsn_lyb 了。

(2) 定义 DSN 连接

1) 打开 readly.asp 页面，在 Dreamweaver 文档窗口的菜单栏中选择【窗口】→【数据库】命令，展开右边的 "数据库" 面板。

2) 单击【＋】按钮，从弹出下拉菜单中选择【数据库名称（DSN）】命令，弹出 "数据源名称（DSN）" 对话框。

3) 选择【使用本地 DSN】单选按钮，在 "数据源名称（DSN）" 下拉列表中找到数据源名称 "dsn_lyb"，在 "连接名称" 文本框中输入连接名字 "conn1"。

4) 单击【测试】按钮，如果成功，则数据库就连接好了。单击【确定】按钮回到 "数据库" 面板，就可以看到新建的连接 conn1。

(3) 查看留言功能实现

1) 建立记录集。打开界面已经设计好的 readly.asp 页面，选择菜单栏中的【窗口】→【绑定】命令，打开 "绑定" 面板。单击【＋】按钮，从下拉菜单中选择【记录集（查询）】命令，弹出 "记录集" 对话框，如图 14 - 7 所示。"名称" 文本框中输入记录集名称 "Rs1"；"连接" 下拉列表框中选择一个数据库连接 "conn1"；"表格" 下拉列表框中选择需要的表 "day"；"列" 选项中选择 "全部"；"筛选" 下拉列表框中选择 "无"，不指定筛选条件，表示所有记录；"排序" 下拉列表框中选择 "date"，降序，表示记录集按日期字段降序显示，即最新写的留言显示在最前面。单击【确定】按钮，则在"绑定"面板中显示留言记录集如图 14-8 所示。

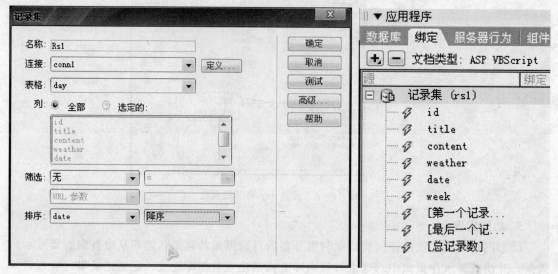

图 14-7 "记录集"对话框　　　　　图 14-8 显示留言记录集

2）在页面中添加动态内容。将鼠标置于主题右边的单元格中，选中"绑定"面板上的"title"字段，然后单击"绑定"面板上的【插入】按钮，这样就把主题字段"title"插入到需要显示主题的位置了。使用同样的方法，依次插入字段"content"、"date"、"weather"、"week"到页面中，把记录集中的"第一个记录"、"最后一个记录"、"总记录数"也插入到相应的位置，插入后的效果如图 14-9 所示。

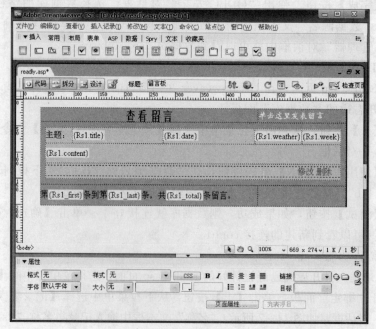

图 14-9 在页面中添加动态内容后的设计效果

3）建立重复区域。在页面中选中用于显示留言的表格，打开"服务器行为"面板，单击【＋】按钮，从弹出下拉菜单中选择【重复区域】命令，弹出"重复区域"对话框。"记录集"下拉列表框中选择显示留言记录集"Rs1";"显示"选项中选择所有记录或输入数字,确定每页要的记录数,这里输入"4",当然也可以是其他数字。

4) 插入导航条。把鼠标定位在右下角的单元格中,选择菜单栏中的【插入记录】→【数据对象】→【记录集分页】→【记录集导航条】命令,弹出"记录集导航条"对话框,如图 14 – 10 所示。"记录集"下拉列表框中选择显示留言记录集"Rs1";"显示方式"选项中选择文本或图像,确定导航条的样式,这里选择图像。

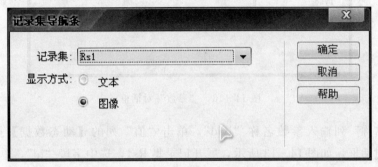

图 14 – 10   记录集导航条对话框

(4) 建立带参数传递的超级链接   从查看留言页面可以进入添加留言页面,也可以通过单击每条留言下面的"修改"、"删除"超链接,进入相应记录的修改留言和删除留言页面。进入添加留言页面的链接不需要传递参数,直接对文本"单击这里发表留言"建立超级链接到"writely.asp"即可,但进入修改留言和删除留言页面的链接需要传递参数。其链接建立方法如下:

1) 选中"修改"字段,在属性面板中单击"链接"项右边的【浏览】按钮🗀,进入"选择文件"对话框,如图 14 – 11 所示。

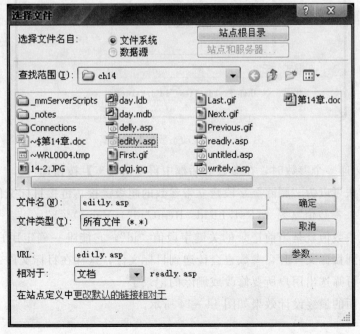

图 14 – 11   "选择文件"对话框

2）选择"editly.asp"文件，单击 URL 文本框右边的【参数】按钮，进入"参数"对话框，如图 14 – 12 所示。

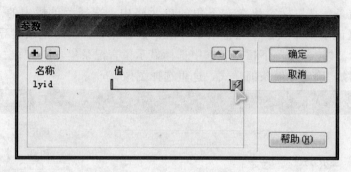

图 14 – 12 "参数"对话框

3）在"名称"列输入参数名称"lyid"，单击"值"列的【动态数据】按钮 <img>，进入"动态数据"对话框，如图 14 – 13 所示，展开记录集 Rs1，选中字段"id"，单击【确定】按钮返回。

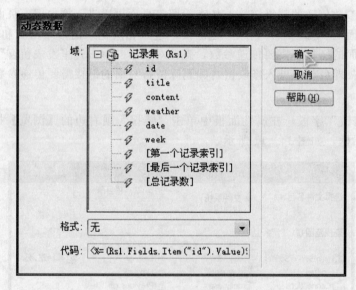

图 14 – 13 "动态数据"对话框

4）当需要传递多个参数时，在参数对话框中再单击【＋】按钮即可。

用同样的方法可以为"删除"字段建立带参数的超级链接，链接目标文件"delly.asp"，参数名称"lyid"，参数值"〈％＝（Rs1.Fields.Item("id").Value)％〉"。

注意：这里参数值就是当前记录的关键字段值"id"，它能唯一确定用户要修改或删除的记录。当链接到目标文件时，参数也会传递到目标文件，这样在目标文件建立记录集时通过设置筛选条件可筛选出用户所要修改或删除的记录了。

查看留言页面的最终设计效果如图 14 – 14 所示。

图 14-14　查看留言最终设计效果

（5）添加留言功能实现　添加留言实际就是用户在表单中输入留言信息，当提交表单时把输入的信息保存到数据库中，该功能直接利用服务器行为"插入记录"即可实现。

1）打开界面已经设计好的 writely.asp 页面，打开"服务器行为"面板，单击【＋】按钮，从弹出下拉菜单中选择【插入记录】命令。此时弹出"插入记录"对话框，如图 14-15 所示。

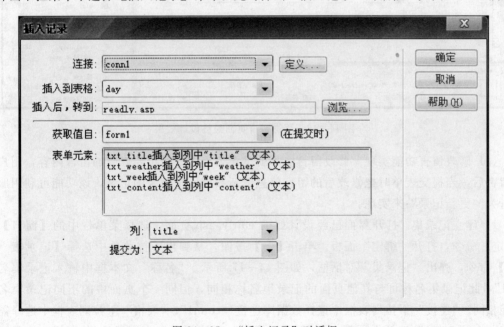

图 14-15　"插入记录"对话框

2）在"连接"下拉列表框中选择连接"conn1"；在"插入到表格"下拉列表框中选择要插入记录的留言表"day"；在"插入后，转到"文本框中输入或单击【浏览】按钮，选择插入记录成功后要转到的页面"readly.asp"，即添加留言成功后返回到显示留言页面；在

"获取值自"下拉列表框中选择表单"form1";在"表单元素"列表框中选择文本框"txt_title";在"列"下拉列表框中选择对应的数据库字段"title";在"提交为"下拉列表框中选择提交的数据类型"文本"。

3）依次类推，可把其他表单元素 txt_weather、txt_week、txt_content 分别与留言表 day 的字段 weather、week、content 对应。

4）单击【确定】按钮，发表留言页面最终设计效果如图 14-16 所示。

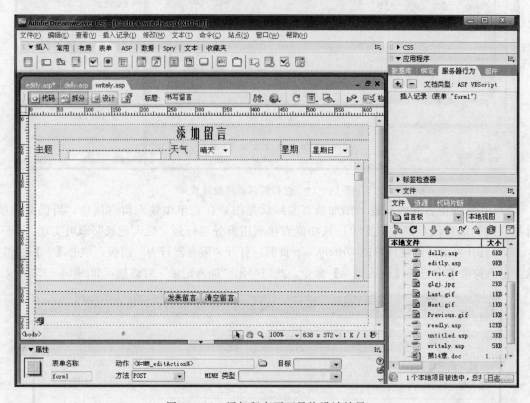

图 14-16 添加留言页面最终设计效果

（6）修改留言功能实现 修改留言实际就是在表单中显示出要修改的留言内容，用户修改留言后，当提交表单时把修改后的留言信息更新数据库中原来的记录，该功能可利用服务器行为"更新记录"来实现。

1）建立记录集。打开界面已经设计好的 editly.asp 页面，选择菜单栏中的【窗口】→【绑定】命令，打开"绑定"面板。单击【+】按钮，从弹出下拉菜单中选择【记录集（查询）】命令，弹出"记录集"对话框，如图 14-17 所示。"名称"文本框中输入记录集名称"rs1"，此记录集名称可与其他页面的记录集名称相同，但同一个页面中的不同记录集名称不能相同；"连接"下拉列表框中选择数据库连接"conn1"；"表格"下拉列表框中选择需要的表"day"；"列"选项中选择"全部"；"筛选"下拉列表框中字段选择"id"，关系选择"="，参数类型选择"URL 参数"，参数名称输入"lyid"，这个名称一定要与显示留言页面中建立"修改"链接时的参数名称一致，这样建立的记录集就只有要修改的记录，不含其他记录；"排序"下拉列表框中选择"无"。

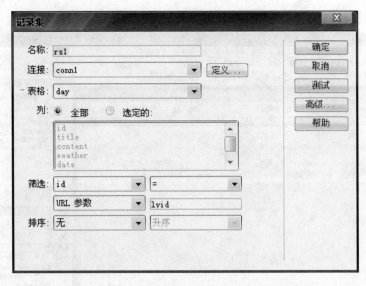

图 14 - 17　修改留言的"记录集"对话框

2）字段绑定。分别把表单中的表单元素 txt_title、txt_weather、txt_week、txt_content 分别与记录集 rs1 中的对应字段 title、weather、week、content 绑定，具体绑定方法见本章的相关知识部分。

3）添加更新记录服务器行为。打开"服务器行为"面板，单击【＋】按钮，从弹出下拉菜单中选择【更新记录】命令，弹出"更新记录"对话框，如图 14 - 18 所示。在"连接"下拉列表框中选择连接"conn1"；在"要更新的表格"下拉列表框中选择表"day"；在"选取记录自"下拉列表框中选择记录集"rs1"；在"唯一键列"下拉列表框中选择记录集中的关键字段"id"；在"在更新后，转到"文本框中输入或单击浏览按钮选择"readly.asp"，即修改留言成功后返回到显示留言页面；在"获取值自"下拉列表框中选择表单"form1"；在"表单元素"列表框中默认情况下一般不用再设置了。

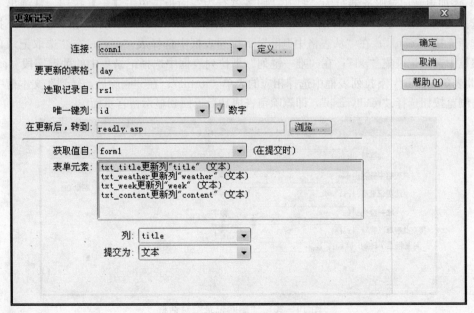

图 14 - 18　"更新记录"对话框

单击【确定】按钮完成，最后设计效果如图 14 - 19 所示。

图 14 - 19　修改留言页面最终设计效果

（7）删除留言功能实现

1）建立记录集。打开界面已经设计好的 delly. asp 页面，参照更新留言记录集的定义方法，建立删除留言记录集 rs1，注意所有选项与更新留言记录集完全一样，包括筛选条件。

2）在页面中插入相应字段。参照查看留言页面的方法把记录集字段插入到对应位置。

3）添加更新记录服务器行为。打开"服务器行为"面板，单击【＋】按钮，从弹出下拉菜单中选择【删除记录】命令，弹出"删除记录"对话框，如图 14 - 20 所示。在"连接"下拉列表框中选择连接"conn1"；在"从表格中删除"下拉列表框中选择表"day"；在"选取记录自"下拉列表框中选择记录集"rs1"；在"唯一键列"下拉列表框中选择记录集中的关键字段"id"；在"提交此表单以删除"下拉列表框中选择相应的表单"form1"；在"删除后，转到"文本框中输入或单击浏览按钮选择"readly. asp"，即删除留言成功后返回到显示留言页面。

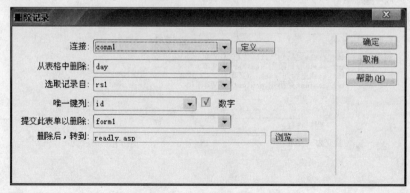

图 14 - 20　"删除记录"对话框

单击【确定】按钮完成，最后设计效果如图 14-21 所示。

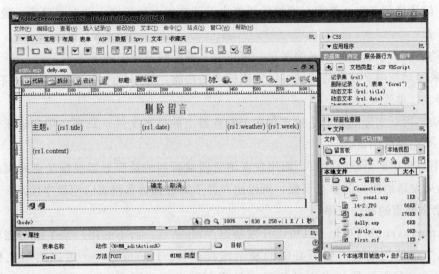

图 14-21　删除留言页面的设计效果

14.2　相关知识

14.2.1　动态网页的特点和制作流程

随着 Internet 的迅猛发展，其已经深入到人们生活的方方面面，借助于它可以进行网上学习、查阅资料、网上购物和网上聊天等活动。这些功能都需要借助于服务器后台强大的数据库来实现，这就是动态数据库网站。

1. 动态网页的特点

动态网页是与静态网页相对应的，也就是说，网页 URL 的后缀不是 .htm、.html、.shtml、.xml 等静态网页的常见形式，而是以 .asp、.jsp、.php、aspx 等形式为后缀。这里说的动态网页，与网页上的各种动画、滚动字幕等视觉上的"动态效果"没有直接关系。动态网页可以是纯文字内容的，也可以是包含各种动画的内容，这些只是网页具体内容的表现形式，无论网页是否具有动态效果，采用动态网站技术生成的网页都称为动态网页。动态网页其实就是建立在 B/S（浏览器/服务器）架构上的服务器端脚本程序，在浏览器端显示的网页是服务器端程序运行的结果。动态图 14-22 网页的运行机制如图 14-22 所示。

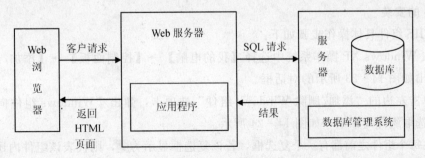

图 14-22　动态网页的运行机制

从网站浏览者的角度来看，无论是动态网页还是静态网页，都可以展示基本的文字和图片信息，但从网站开发、管理、维护的角度来看就有很大的差别。动态网页的一般特点简要归纳如下：

1）动态网页以数据库技术为基础，可以大大降低网站维护的工作量。

2）采用动态网页技术的网站可以实现更多的功能，如用户注册、用户登录、在线调查、用户管理、订单管理等。

3）动态网页实际上并不是独立存在于服务器上的网页文件，只有当用户请求时服务器才返回一个完整的网页。

4）用户请求的是动态网页，而用户在浏览器端看到的是服务器根据动态网页应用程序运行的结果发送给用户的静态页面，所以用户并不能看到动态网页应用程序代码。

2. 动态网页的制作流程

Dreamweaver 的可视化工具可以开发动态 Web 站点，而不必用户亲手编写创建能够显示数据库中存储的动态内容所必需的复杂编程逻辑。Dreamweaver 可以使用几种流行的 Web 编程语言和服务器技术中的任意一种来创建动态 Web 站点，这些语言和技术包括 ASP、JSP、PHP 和 ASP. NET 等。

利用 Dreamweaver 的可视化工具开发动态网页的步骤如下：

1）创建本地站点。

2）搭建本地服务器。

3）设计网站静态页面。

4）创建数据库。

5）建立动态数据源，创建数据库连接。

6）建立记录集，向 Web 页添加动态内容。

7）添加服务器行为。

8）测试和调试。

14.2.2　搭建本地服务器

目前网站的服务器一般安装 Windows NT、Windows 2000 Server 或 Windows XP 操作系统。这 3 种系统中必须安装有 Internet 信息服务（IIS）才能运行动态网站。下面就以 XP 为例讲述 IIS 的安装和使用方法。

1. IIS 的安装

安装 IIS 组件具体操作步骤如下：

1）在 Windows XP 操作系统中选择【我的电脑】→【控制面板】→【添加/删除程序】命令，弹出如图 14-23 所示的对话框。

2）单击左边的"添加/删除 Windows 组件"选项卡，弹出"Windows 组件向导"对话框，进入选取组件对话框，如图 14-24 所示。

3）在每个组件之前都有一个复选框，若该复选框显示为☑，则代表该组件内还含有子组件存在可以选择，双击"Internet 信息服务（IIS）"选项，弹出如图 14-25 所示的对话框。

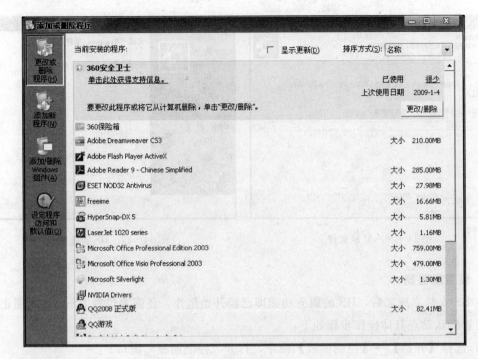

图 14-23 "添加/删除程序"对话框

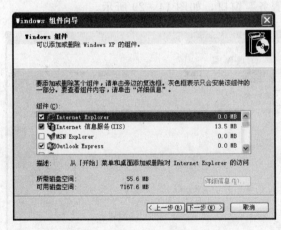

图 14-24 "Windows 组件向导"对话框   图 14-25 IIS 子组件的选择画面

4）当选择完成所有希望使用的组件以及子组件后，单击【下一步】按钮，弹出如图 11-26 所示的复制文件窗口，开始复制文件，复制过程中会要求选择安装文件所在位置。

5）复制完成之后，IIS 的安装完成，如图 11-27 所示。单击【完成】按钮，安装程序将会要求重新启动计算机。

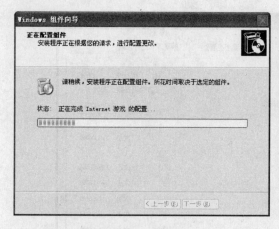

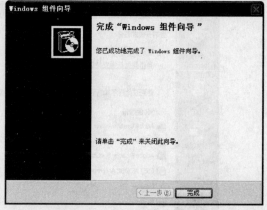

图 14-26 复制文件 　　　　　　　图 14-27 IIS 安装完成

2. 设置服务器

在 IIS 安装完成之后，IIS 的服务功能即已经开始运作，还需要设置 IIS 网站才能正常运行。设置默认站点具体操作步骤如下：

1）选择【开始】→【控制面板】命令，打开"控制面板"窗口。

2）双击"管理工具"图标，打开"管理工具"窗口，如图 14-28 所示。再双击"Internet 信息服务"图标，打开"Internet 信息服务"窗口，如图 14-29 所示。

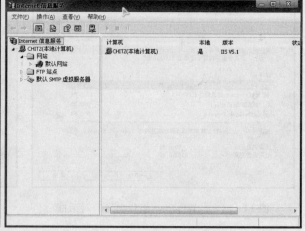

图 14-28 打开【管理工具】窗口 　　　　图 14-29 打开 IIS 信息服务

3）右击"默认网站"项，在弹出菜单中选择【属性】命令，弹出"默认网站属性"对话框。选择"网站"选项卡，在"IP 地址"文本框中选择"（全部未分配）"或本机的 IP 地址或输入"127.0.0.1"，如图 14-30 所示。

4）在"主目录"选项卡中，在"本地路径"右侧的文本框中系统默认的是"C:\Inetpub\wwwroot"，或者通过单击【浏览】按钮完成对目录的选择，此目录应为本地站点的根文件夹，如图 14-31 所示。

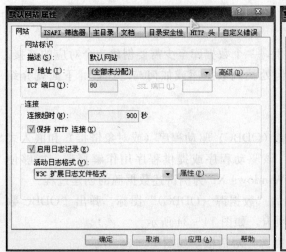
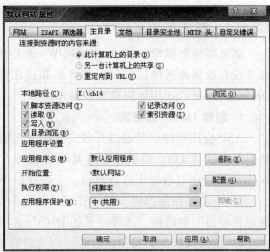

图 14-30　设置"网站"选项卡　　　　　　图 14-31　"主目录"选项卡

5）在"文档"选项卡中，可修改浏览器默认主页及调用顺序。其他选项可以根据需要设置。

3. 设置测试服务器

利用 Dreamweaver 的可视化工具开发动态 Web 站点，除了安装和设置 IIS 服务器之外，还需要在 Dreamweaver 的管理站点中把已经在 IIS 中配置的服务器设置为 Dreamweaver 的测试服务器，下面以把本地 IIS 服务器设置为测试服务器为例介绍具体设置方法。

1）创建或编辑本地站点，打开站点定义对话框，如图 14-32 所示。

2）单击"测试服务器"选项，出现如图 14-33 所示的界面，设置测试服务器信息。如果本地信息还没有设置过，请先设置本地信息。测试服务器各参数说明如下：

服务器模型：选择要使用的一种动态网站技术或语言，如果采用 ASP 技术，可选择"ASP VBScript"或"ASP JavaScript"。

访问：选择"本地/网络"。

测试服务器文件夹：与本地站点根文件夹和 IIS 服务器中配置的网站主目录一致。

URL 前缀：与 IIS 服务器中配置的网站 IP 地址一致。如果在 IIS 服务器中配置的网站 IP 地址采用默认的"全部未分配"，则在这里也采用默认的 http://localhost/；如果在 IIS 服务器中配置的有网站 IP 地址，如"192.168.218.158"，则在这里也要输入"http:// 192.168.218.158/"。

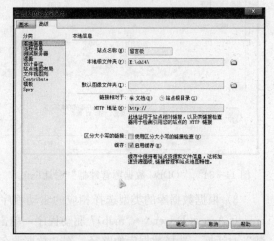

图 14-32　定义站点对话框

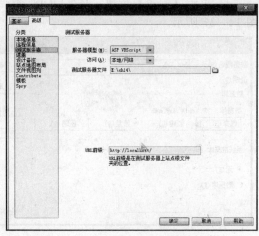

图 14-33　"测试服务器"设置界面

14.2.3 创建数据库连接

如果要将数据库与 Web 应用程序一起使用，一个数据库至少需要创建一个对应的连接。如果没有数据库连接，应用程序将不知道在何处找到数据库或如何与之连接。下面就介绍 Dreamweaver CS3 中如何设置数据库连接。

1. 创建 ODBC 数据源

ASP 应用程序必须通过开放式数据库连接（ODBC）驱动程序（或对象链接）和嵌入式数据库（OLE DB）提供程序连接到数据库。该驱动程序或提供程序用作解释器，能够使 Web 应用程序与数据库进行通信。下面就以 Windows XP 为例讲述数据源的创建过程。

1）单击"控制面板"的"管理工具"中的"数据源（ODBC）"图标，弹出"ODBC 数据源管理器"对话框。选择"系统 DNS"选项卡，如图 14-34 所示。

2）单击【添加】按钮，打开"创建新数据源"对话框，如图 14-35 所示。

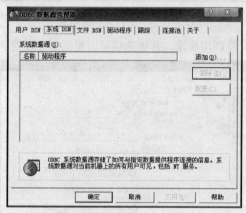

图 14-34　"ODBC 数据源管理器"对话框　　　　图 14-35　"创建新数据源"对话框

3）根据数据库的类型选择相应的驱动程序，如果是 Microsoft Access 数据库，则选择"Microsoft Access Driver（*.mdb）"驱动程序，单击【完成】按钮，弹出"ODBC Microsoft Access 安装"对话框，选择数据库的路径，在"数据源名"中输入数据源名称，如图 14-36 所示。

4）单击【确定】按钮，在"ODBC 数据源管理器"对话框中就可以看到数据源了，如图 14-37 所示。

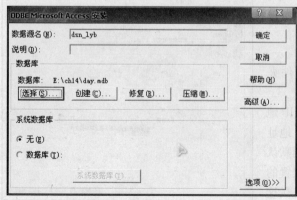
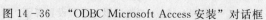
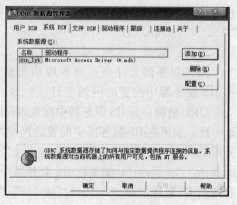

图 14-36　"ODBC Microsoft Access 安装"对话框　　　　图 14-37　创建好的数据源

2. 连接数据库

如果要在网页应用程序中使用数据库，则必须创建数据库连接。下面介绍使用 Dreamweaver CS3 创建数据库连接，其具体操作步骤如下：

1）在 Dreamweaver 文档窗口的菜单栏中选择【窗口】→【数据库】命令，展开右边的"数据库"面板。

2）单击【＋】按钮，从弹出下拉菜单中选择【数据源名称（DSN）】命令，如图 14-38 所示。弹出"数据源名称（DSN）"对话框，如图 14-39 所示。

图14-38　选择【数据源名称（DSN）】命令　　　　图 14-39　"数据源名称（DSN）"对话框

3）选择【使用本地 DSN】单选按钮，在"数据源名称（DSN）"下拉列表中找到数据源名称，在"连接名称"文本框中输入连接名字，例如"conn1"，单击【测试】按钮，如果成功，那么数据库就连接好了。

4）单击【确定】按钮，回到"数据库"面板，就可以看到新建的连接，如图 14-40 所示。

另外，还有一种"自定义连接字符串"连接方式，这里不再介绍，有兴趣的读者可参考相关资料。

图 14-40　新建好的数据库

14.2.4　向 Web 页添加动态内容

Web 页不能直接访问数据库中存储的数据，而是需要与记录集进行交互。因此，在向 Web 页添加动态内容之前，需要先创建记录集。

1. 创建记录集

记录集是从数据库表中提取的信息或记录的子集，该信息子集是通过数据库查询提取出来的。记录集在存储内容的数据库和生成页面的应用程序服务器之间起一种桥梁作用。记录集本身是从指定数据库中检索到的数据的集合。它可以包括完整的数据库表，也可以包括表的行和列的子集。

在"绑定"面板中可以建立记录集，具体操作步骤如下：

1）打开需要添加动态内容的网页文档，选择菜单栏中的【窗口】→【绑定】命令，打开"绑定"面板，如图 14-41 所示。单击【＋】按钮，从弹出下拉菜单中选择【记录集（查询）】命令。

2）弹出"记录集"对话框，在"名称"文本框中输入记录集名称，如"rs1"；"连接"下拉列表框中选择一个数据库连接"conn1"；在"表格"下拉列表框中选择需要的表，如留言表"day"；在"列"选项中选择"全部"或选定部分字段，如图14-42所示。另外在"筛选"项中可指定筛选条件，在"排序"项中可指定记录集的显示顺序。

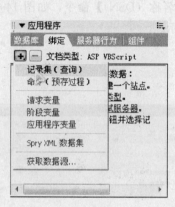

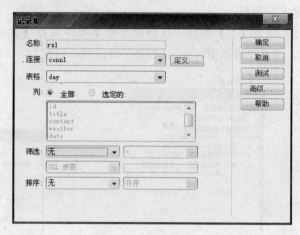

图14-41　"绑定"面板　　　　　　　　图14-42　创建记录集

3）单击【确定】按钮，即可创建所需的记录集。

2. 向页面添加动态内容

定义好记录集后就可以向网页中插入动态文本、动态图像等。动态内容的添加过程的具体操作步骤如下：

1）首先在需要添加动态内容的网页文档设计好静态内容，如图14-43所示。

2）将鼠标置于需要插入动态内容的位置，如主题右边的单元格。选中"绑定"面板上的对应"title"字段，然后单击绑定面板上的【插入】按钮，这样就把相应字段插入到对应的位置了。

3）使用同样的方法，依次插入其他字段到页面中，还可以把记录集中的"第一个记录"、"最后一个记录"、"总记录数"插入到相应的位置，插入后的效果如图14-44所示。

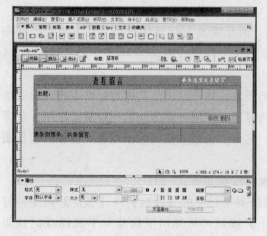

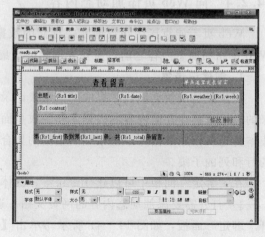

图14-43　设计好的静态内容　　　　　　图14-44　字段插入后的页面

14.2.5　添加服务器行为

通过向页面中添加字段，可以动态显示数据库中的内容，但往往需要一页显示多条记录，如果记录比较多，还需要分页显示，这可以通过添加服务器行为来很方便地实现。通过服务器行为还可以实现其他很多功能，如插入记录、更新记录、删除记录等。下面简单介绍这些常用服务器行为的添加方法。

1. 重复区域

"重复区域"服务器行为用于在一页中显示多条记录，添加方法如下：

1）首先在页面中选中需要重复显示的区域。打开"服务器行为"面板，单击【＋】按钮，从弹出下拉菜单中选择【重复区域】命令，如图 14-45 所示。

2）弹出"重复区域"对话框，在"记录集"下拉列表框中选择相应的记录集，在"显示"选项中选择所有记录或输入数字，确定每页要的记录数，如图 14-46 所示。

图 14-45　"服务器行为"面板　　　　　　图 14-46　"重复区域"对话框

2. 记录集分页

"记录集分页"服务器行为用于在分页显示的页面中创建分页导航链接，添加方法如下：

1）首先在页面中输入并选中相应文字等对象，如"第一条记录"。打开"服务器行为"面板，单击【＋】按钮，从弹出下拉菜单中选择【记录集分页】→【移至第一条记录】命令。

2）弹出"移至第一条记录"对话框，在"记录集"下拉列表框中选择相应的记录集"如 Rs1"，如图 14-47 所示。

3）使用同样的方法，依次可以创建"移至前一条记录"、"移至后一条记录"、"移至最后一条记录"等记录集分页导航链接。

当然，记录集分页导航链接还可以通过选择菜单栏的【插入】→【数据对象】→【记录集分页】→【记录集导航条】命令来快速创建。

图 14 - 47 记录集分页

3. 插入记录

"插入记录"服务器行为用于向数据库插入一条新记录，但添加这个行为之前需要在页面中创建一个让用户输入信息的表单，添加方法如下：

1）首先在插入页面中插入一个表单域并创建相应的文本框、列表框、提交按钮等表单对象。打开"服务器行为"面板，单击【＋】按钮，从弹出下拉菜单中选择【插入记录】命令。

2）弹出"插入记录"对话框，如图 14 - 48 所示。在"连接"下拉列表框中选择相应的连接；在"插入到表格"下拉列表框中选择要插入记录的表；在"插入后，转到"文本框中输入或单击【浏览】

图 14 - 48　"插入记录"对话框

按钮，选择插入记录成功后要转到的页面；在"获取值自"下拉列表框中选择相应的表单；在"表单元素"列表框中依次选择表单元素；在"列"下拉列表框中选择对应的数据库字段；在"提交为"下拉列表框中选择提交的数据类型。这里要特别注意表单对象与字段要对应，数据类型一定要与数据库中的相应字段类型相匹配。

这样用户在浏览这个插入页面时在表单中输入相应的信息，单击【提交】按钮即可向数据库中插入相应的记录。

4. 更新记录

"更新记录"服务器行为用于对数据库中的记录进行修改，但添加这个行为之前需要在页面中创建一个用于显示和修改信息的表单，还需要创建一个记录集，这个记录集能够筛选出要修改的记录，并且记录集中的字段要与表单中的对应表单元素绑定。添加方法如下：

1）在更新页面中插入一个表单域并创建相应的文本框、列表框、提交按钮等表单对象。

2）打开"绑定"面板，单击【＋】按钮，从弹出下拉菜单中选择【记录集（查询）】命令，创建一个能够筛选出要修改记录的记录集。

3）将表单对象与记录集字段进行绑定。

① 文本框/多行文本框的绑定：在页面中选中需要进行绑定的对象文本框或多行文本框，再在"绑定"面板的记录集中选中要与之绑定的字段，单击【绑定】按钮，如图 14 - 49 所示。

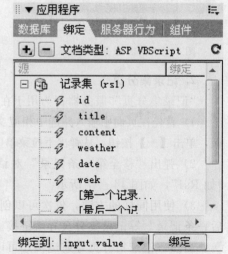

图 14 - 49　字段绑定

② 列表/菜单的绑定：在页面中选中需要进行绑定的对象列表框，在如图 14-50 所示的属性面板中单击【动态】按钮，弹出如图 14-51 所示的"动态列表/菜单"对话框，然后单击"选取值等于"文本框右边的按钮 ，弹出如图 14-52 所示的"动态数据"对话框。在"域"列表框中展开记录集，选中要与之绑定的字段，单击【确定】按钮，回到"动态列表/菜单"对话框，再单击【确定】按钮。

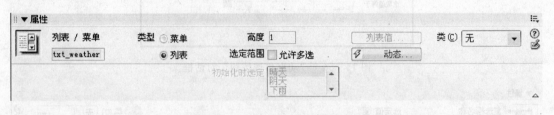

图 14-50　列表/菜单的属性面板

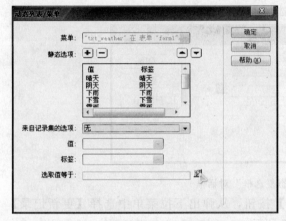

图 14-51　"动态列表/菜单"对话框

图 14-52　"动态数据"对话框

③ 单选按钮组的绑定：在页面中选中需要进行绑定的对象单选按钮，在如图 14-53 所示的属性面板中单击【动态】按钮，弹出如图 14-54 所示的"动态单选按钮"对话框。单击"选取值等于"文本框右边的 按钮，弹出"动态数据"对话框，在"域"列表框中展开记录集，选中要与之绑定的字段。单击【确定】按钮，回到动态单选按钮对话框，再单击【确定】按钮。

图 14-53　单选按钮的属性面板

④ 复选框的绑定：在页面中选中需要进行绑定的对象复选框，在如图 14-55 所示的属性面板中单击【动态】按钮，弹出如图 14-56 所示的"动态复选框"对话框。单击"选取，如果"文本框右边的 按钮，弹出"动态数据"对话框，在"域"列表框中展开记录集，选中要与之绑定的字段，单击【确定】按钮，回到动态复选框对话框。再在"等于"文本框中输入相应的值，再单击【确定】按钮。

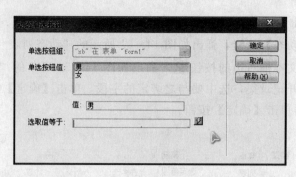

图 14-54 "动态单选按钮"对话框

图 14-55 复选框的属性面板

图 14-56 "动态复选框"对话框

4) 打开"服务器行为"面板,单击【+】按钮,从弹出下拉菜单中选择【更新记录】命令,弹出"更新记录"对话框,如图 14-57 所示。

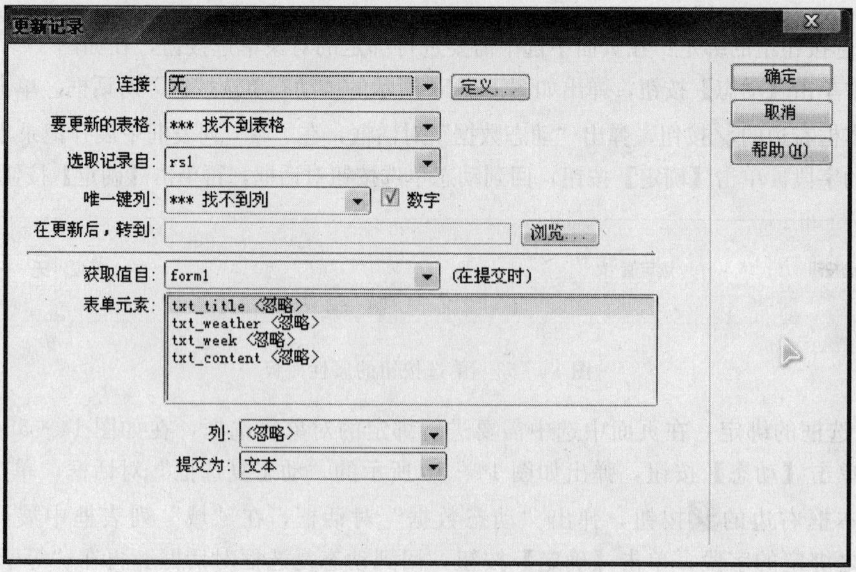

图 14-57 "更新记录"对话框

在"连接"下拉列表框中选择相应的连接；在"要更新的表格"下拉列表框中选择要更新记录的表；在"选取记录自"下拉列表框中选择对应的记录集；在"唯一键列"下拉列表框中选择记录集中的关键字段；在"在更新后，转到"文本框中输入或单击【浏览】按钮，选择更新记录成功后要转到的页面；在"获取值自"下拉列表框中选择相应的表单；在"表单元素"列表框中依次选择每个表单元素；在"列"下拉列表框中选择对应的数据库字段；在"提交为"下拉列表框中选择提交的数据类型，一般取默认值。这里要特别注意表单对象与字段要对应，数据类型一定要与数据库中的相应字段类型相匹配。

这样用户在浏览这个更新页面时在表单中输入/修改相应的信息，单击【提交】按钮即可向数据库中更新相应的记录了。

5. 删除记录

删除记录服务器行为用于对数据库中的记录进行删除，但添加这个行为之前需要在页面中创建一个至少有一个提交按钮的表单，还需要创建一个记录集，这个记录集能够筛选出要删除的记录。添加方式如下：

1）在删除页面中插入一个表单域并创建相应的文本框、列表框、提交按钮等表单对象。

2）打开"绑定"面板，单击【＋】按钮，从弹出下拉菜单中选择【记录集（查询）】命令，创建一个能够筛选出要删除记录的记录集。

3）打开"服务器行为"面板，单击【＋】按钮，从弹出下拉菜单中选择【删除记录】命令，弹出"删除记录"对话框，如图 14－58 所示。

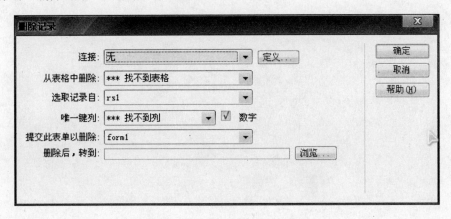

图 14－58　"删除记录"对话框

在"连接"下拉列表框中选择相应的连接；在"从表格中删除"下拉列表框中选择要删除记录的表；在"选取记录自"下拉列表框中选择对应的记录集；在"唯一键列"下拉列表框中选择记录集中的关键字段；在"提交些表单以删除"下拉列表框中选择相应的表单；在"删除后，转到"文本框中输入或单击【浏览】按钮，选择删除记录成功后要转到的页面。

这样用户在浏览这个删除页面时，单击【提交】按钮即可把数据库中相应的记录删除。注意更新记录页面和删除记录页面一般需要上一层页面传递过来用于唯一确定要更新或删除记录的参数，这个参数往往是这个记录的关键字段值。而这些参数是在建立记录集设置筛选条件时作为筛选条件值的。

习　题

一、填空题

1. 现在常用的服务器技术有_____、_____、_____、_____等。

2. 对动态网站配置环境时，应首先安装和配置_____，接着创建数据库，创建 ODBC 数据源，然后在 Dreamweaver 中创建_____，这样能够把 Dreamweaver 和数据源连结在一起。

二、简答题

1. 简述利用 Dreamweaver 创建动态网站的基本步骤。

2. 简述动态网站的运行机制。

三、上机操作

1. 尝试安装 IIS 组件，创建 ODBC 数据源，能够搭建动态网站的运行环境。

2. 参照第 9 章会员注册案例，创建一个能够进行会员注册、登录、会员信息查询、修改和删除的动态网站。

参 考 文 献

[1] 吴东伟，吴俊海，等.Dreamweaver 网页制作基础练习＋典型案例 ［M］.北京：清华大学出版社，2006.

[2] 庆秋辉.网页制作教程与上机实训 ［M］.北京：机械工业出版社，2006.

[3] 孙良军.Dreamweaver 8 完美网页设计——商业网站篇 ［M］.北京：中国电力出版社，2006.